DWF低代码开发技术与工业软件开发

刘英博　薛晓峰　编著

清华大学出版社
北　京

内容简介

本书内容以大数据系统软件国家工程研究中心自主研制的"清华数为大数据应用开发工具——DataWay Framework(简称 DWF)"为基础，结合工业软件的典型开发案例，分三部分向读者详细介绍了数据驱动的工业软件开发方法。第一部分从无代码定制开始，介绍数据驱动的工业软件开发思路和操作方法；第二部分讲解如何利用低代码开发技术，将可视化、物联网、人工智能、数据分析等技术与工业软件相结合；第三部分重点介绍如何通过插件方式扩展 DWF，从而进一步增强无代码和低代码能力的开发方法。本书适合希望熟悉低代码开发技术的软件人员阅读。

本书封面贴有清华大学出版社防伪标签，无标签者不得销售。
版权所有，侵权必究。举报：010-62782989，beiqinquan@tup.tsinghua.edu.cn。

图书在版编目(CIP)数据

DWF 低代码开发技术与工业软件开发 / 刘英博，薛晓峰编著.
北京：清华大学出版社，2025. 5. -- ISBN 978-7-302-69089-4
Ⅰ. TP311.52
中国国家版本馆 CIP 数据核字第 2025LL0982 号

责任编辑：王　军
封面设计：高娟妮
版式设计：思创景点
责任校对：成凤进
责任印制：丛怀宇

出版发行：清华大学出版社
网　　址：https://www.tup.com.cn，https://www.wqxuetang.com
地　　址：北京清华大学学研大厦 A 座　　邮　编：100084
社 总 机：010-83470000　　邮　购：010-62786544
投稿与读者服务：010-62776969，c-service@tup.tsinghua.edu.cn
质 量 反 馈：010-62772015，zhiliang@tup.tsinghua.edu.cn

印 装 者：艺通印刷(天津)有限公司
经　　销：全国新华书店
开　　本：170mm×240mm　　印　张：20　　字　数：364 千字
版　　次：2025 年 5 月第 1 版　　印　次：2025 年 5 月第 1 次印刷
定　　价：98.00 元

产品编号：103857-01

序　言

当工业 4.0 时代的浪潮席卷全球时，一个令人振奋的现象正在悄然出现：人工智能不再是实验室里的精密仪器，而是化身为千百万个"智能体"，如灵动的精灵悄然渗透到工厂车间的每一寸空间。它们展现出类似数字神经元的自适应性，在炼钢炉前，它们凝神思索，精准把控着温度曲线的微妙变化；在物流 AGV 的路径规划中，它们默契协作，编织出高效流畅的运输网络；在质量检测的视觉识别领域，它们不断进化，以敏锐的洞察力捕捉每一个细微瑕疵——这就是智能体化 AI(Agenty AI)为工业智造绘就的革命性宏伟画卷。本书所探讨的 DWF 低代码工业软件开发技术，正是支撑这场变革的关键基石。

一方面，本书描述了智能时代工业软件范式的重大跃迁。在传统工业软件开发中，工程师们常常陷入两难困境：既要应对错综复杂、千变万化的业务逻辑，又要受制于代码编写这一高深莫测的技术壁垒。在当今智能体化 AI 蓬勃发展的时代，这一困境愈发凸显。当工业生产系统需要构建数百个具有自主决策能力的智能体时，传统开发模式就如同用绣花针建造巍峨的摩天大楼，不仅效率低下，而且稳定性极差，难以满足工业生产快速、多变的需求。而 DWF 低代码工业软件开发技术的诞生，恰似为工业软件开发者提供了一套神奇的"数字魔方"。通过将多智能体系统的模块化特性与可视化开发技术相结合，工程师无需再在烦琐的代码编写过程中苦苦挣扎，只需像搭积木一样，直接拖曳"感知模块""决策引擎""协作协议"等智能单元，便能轻松构建出具备自组织能力的工业应用软件。

另一方面，本书系统揭示了低代码平台与智能体化 AI 深度融合的技术密码。其一，是数据模型的拓扑构建。DWF 框架独创的"实体-关联"建模体系，让原本冷冰冰的工业数据焕发新生。通过精准定义设备、工艺、人员等实体间的动态关系，开发者能快速搭建数字孪生体，实现对工业生产过程的精准模拟和实时监控，进而为优化生产流程、提高生产效率提供了有力支持。其二，是功能组件的生态进化平台提供的表单引擎、物联中枢、决策看板等组件，它们本质上都是可进化的智能体孵化器。以设备健康管理系统为例，在感知层，通过物联网组件捕获振动频谱；在决策层，调用内置的预测模型；

在行动层，自动触发维护工单，整个过程无需编写底层代码，开发者只需像指挥交响乐团一样巧妙配置智能体间的协作规则。其三，是开发模式的民主革命。DWF技术最激动人心的创新，在于打破了工业软件的"技术黑箱"。工艺工程师经过培训就能自主开发智能排产系统，并实现从"业务专家"到"开发者"的华丽转身，这种转变正在重塑工业数字化转型的生态格局。

  本书可作为推荐教材，承载着培养新一代工业软件人才的特殊使命。本书精心设计了"三维能力培养体系"：在认知维度方面，通过阐述智能仓储、柔性生产等多个行业案例，建立多智能体思维；在实践维度方面，提供从数据建模到系统集成的完整开发沙箱；在创新维度方面，开放插件接口，支持算法模型的自主注入。这种将理论转化为实践的能力，正是工业4.0时代最珍贵的创新火种，将点燃工业创新的引擎，开启无限可能。

  本书的深层价值，还体现在其作为通向工业智能生态的桥梁，以及构建用于连接技术创新与产业应用的"转化器"功能。DWF框架提供了一个三级推进体系：一是技术标准化，建立适用于大量工业场景的开发规范；二是知识沉淀，形成可复用的行业解决方案库；三是生态培育，搭建产学研协同创新平台。

  站在智能制造的时代潮头，我们欣喜地看到：当低代码的敏捷遇上多智能体的智慧时，工业软件正从单纯的"功能实现工具"进化为"自主进化生命体"。这不仅是技术的革新，更是人类工业文明认知范式的一次重大跃迁。愿本书能成为每位读者参与这场变革的通行证，在智能体与代码共舞的新世界里，共同谱写工业创新的未来篇章。

  是为序。

陈桂生 博士

目　　录

第 1 章　绪论 ………………………………1
  1.1　发展工业软件的时代背景 ……………………………1
  1.2　传统工业软件的发展及面临的挑战 …………………2
    1.2.1　国产工业软件的现状 ……2
    1.2.2　国产工业软件的战略机遇期 …………………3
  1.3　低代码工具开发工业软件的机遇 ……………………4
    1.3.1　低代码技术的发展历程 …………………………5
    1.3.2　对低代码技术发展趋势的展望 …………………6
  1.4　清华数为 DWF 低代码开发工具 ……………………7
    1.4.1　发展历程 …………………7
    1.4.2　主要特点 …………………7
    1.4.3　应用场景 …………………8
  1.5　内容简介 ……………………8
    1.5.1　组织结构 …………………8
    1.5.2　教学案例 …………………9
    1.5.3　获取 DWF 实训环境 … 11

第一部分　无代码定制

第 2 章　数据模型——让 DWF 认识你的数据 …………15
  2.1　数据模型的基本概念 ……15
    2.1.1　实体类 …………………15
    2.1.2　实体类属性 ……………16
    2.1.3　实体类对象 ……………16
  2.2　DWF 支持的数据类型和系统属性 ………………17
    2.2.1　数据类型 ………………17
    2.2.2　系统属性 ………………17
  2.3　基本功能 …………………18
  2.4　实体类建模 ………………20
    2.4.1　从 Excel 创建实体类 … 20
    2.4.2　通过新增实体类创建实体类 …………………22
  2.5　通过模型包导入数据 ……23
  2.6　小结 ………………………24

第 3 章　功能模型——搭建一个 App 的框架 …………25
  3.1　基本概念 …………………25
    3.1.1　应用 ……………………25
    3.1.2　菜单 ……………………26
    3.1.3　分组 ……………………26
  3.2　基本功能 …………………26
  3.3　功能应用 …………………27
    3.3.1　PC 端应用 ……………27
    3.3.2　移动端应用 ……………30
  3.4　通过模型包导入数据 ……33
  3.5　小结 ………………………34

第 4 章　表单模型(一) ……………35
  4.1　基本概念 …………………35

		4.1.1	表单	35
	4.2	表单建模工具		36
		4.1.2	控件	36
		4.2.1	表单定制页面	36
		4.2.2	控件分类	37
		4.2.3	表单数据	38
	4.3	工单表单建模		38
	4.4	小结		46

第 5 章 表单模型(二) …… 47
  5.1 表单工具 …… 47
    5.1.1 表格控件 …… 47
    5.1.2 单位 …… 48
    5.1.3 操作 …… 49
  5.2 多对象建模 …… 49
  5.3 小结 …… 54

第 6 章 表单模型(三) …… 55
  6.1 建立设备查看表单 …… 55
    6.1.1 建立设备列表 …… 55
    6.1.2 查看设备详情 …… 58
  6.2 建立工单查看表单 …… 61
  6.3 手机端显示设备工单详情 …… 64
  6.4 小结 …… 66

第 7 章 表单模型(四) …… 67
  7.1 设备地图 …… 67
  7.2 设备看板 …… 69
  7.3 设备卡片 …… 74
  7.4 小结 …… 77

第 8 章 组织模型 …… 78
  8.1 组织架构 …… 78
  8.2 基本概念 …… 79

  8.2.1 用户 …… 79
  8.2.2 用户组 …… 79
  8.2.3 用户组的建立 …… 79
  8.3 基本功能 …… 79
    8.3.1 用户管理 …… 80
    8.3.2 用户组管理 …… 80
    8.3.3 在线用户管理 …… 80
  8.4 建模过程 …… 80
  8.5 小结 …… 82

第 9 章 授权模型 …… 83
  9.1 基本功能 …… 83
    9.1.1 功能授权 …… 83
    9.1.2 数据访问授权 …… 84
  9.2 基于功能授权 …… 84
  9.3 访问授权 …… 88
  9.4 小结 …… 90

第 10 章 模型包管理 …… 91
  10.1 基本概念 …… 91
    10.1.1 模型包 …… 91
    10.1.2 模型包结构 …… 91
  10.2 模型包管理 …… 91
  10.3 小结 …… 96

第 11 章 数据模型进阶 …… 97
  11.1 关联类介绍 …… 97
  11.2 关联类的基本概念 …… 97
    11.2.1 关联类 …… 97
    11.2.2 关联类对象 …… 98
    11.2.3 关联类属性 …… 98
    11.2.4 关联类系统属性 …… 98
  11.3 工单-零件的关联类 …… 99
  11.4 建模过程 …… 100
  11.5 小结 …… 101

第 12 章　表单模型进阶 ·········· 102

- 12.1　创建工单-零件的关联关系 ·········· 102
- 12.2　工单-零件的关联列表 ·········· 104
- 12.3　小结 ·········· 109

第 13 章　高级数据建模 ·········· 110

- 13.1　产品结构 ·········· 110
- 13.2　零件父子件关联建模 ·········· 112
- 13.3　小结 ·········· 114

第 14 章　高级表单模型建模 ···· 115

- 14.1　产品结构树 ·········· 115
  - 14.1.1　创建产品 ·········· 115
  - 14.1.2　创建子件 ·········· 117
  - 14.1.3　创建子节点 ·········· 120
- 14.2　左树右表 ·········· 121
- 14.3　小结 ·········· 124

第 15 章　第一部分总结 ·········· 125

第二部分　低代码开发

第 16 章　前端脚本开发入门 ···· 129

- 16.1　脚本基础 ·········· 129
- 16.2　在设备列表中添加 hello world!程序 ·········· 129
- 16.3　脚本关键字 ·········· 131
- 16.4　调试前端脚本 ·········· 131
  - 16.4.1　浏览器调试工具 ·········· 132
  - 16.4.2　代码调试命令 ·········· 133
- 16.5　消息演示 ·········· 133
- 16.6　小结 ·········· 135

第 17 章　操作表单中展示的数据 ·········· 136

- 17.1　基本概念 ·········· 136
- 17.2　脚本案例 ·········· 137
- 17.3　批量查询 ·········· 141
- 17.4　批量增删改 ·········· 141
- 17.5　小结 ·········· 143

第 18 章　控制表单控件的行为 ·········· 144

- 18.1　基本概念 ·········· 144
  - 18.1.1　表单 ·········· 144
  - 18.1.2　控件 ·········· 145
  - 18.1.3　按钮 ·········· 145
- 18.2　单对象表单脚本案例 ·········· 146
- 18.3　多对象表单脚本案例 ·········· 150
- 18.4　小结 ·········· 151

第 19 章　跨表单数据传递 ········ 152

- 19.1　操作的生命周期 ·········· 152
- 19.2　表单打开前 ·········· 153
- 19.3　初始化和默认操作 ·········· 154
- 19.4　自定义弹窗和默认操作 ·········· 156
- 19.5　表单关闭后 ·········· 157
- 19.6　小结 ·········· 158

第 20 章　调用后端脚本 ·········· 159

- 20.1　编写后端脚本的位置 ·········· 159
- 20.2　后端脚本的关键字 ···· 160
- 20.3　调试后端脚本 ·········· 160
- 20.4　级联删除工单 ·········· 161

20.5 前后端脚本的相互配合 …… 163
20.6 小结 …… 163

第21章 数据可视化 …… 165
21.1 控件介绍 …… 165
21.2 Echarts 控件入门 …… 166
21.3 通过 RESTful API 获取数据 …… 166
21.4 开工热力图 …… 171
21.5 小结 …… 174

第22章 高级可视化开发 …… 175
22.1 产品结构展示 …… 175
22.2 小结 …… 181

第23章 用大模型实现辅助故障诊断 …… 182
23.1 搅拌车故障诊断助手 …… 182
23.2 了解大模型服务 …… 183
    23.2.1 获取访问权限 …… 183
    23.2.2 大模型对话接口 …… 185
23.3 开发故障诊断助手 …… 186
    23.3.1 定制诊断助手表单 …… 186
    23.3.2 编写提问前端脚本 …… 187
    23.3.3 后端调用大模型服务 …… 187
23.4 小结 …… 189

第24章 用人工智能实现车型识别 …… 191
24.1 注册为开发者 …… 191
24.2 了解车型识别服务 …… 193
24.3 开发车型识别功能 …… 195
    24.3.1 定制车型识别表单 …… 195
    24.3.2 识别服务的前端脚本 …… 196
    24.3.3 识别服务的后端脚本 …… 197
    24.3.4 全局函数 …… 200
24.4 小结 …… 202

第25章 物联网应用基础 …… 203
25.1 手机模拟终端设备收集转速 …… 203
25.2 物联网数据库 IoTDB 的基本概念 …… 204
    25.2.1 设备和设备路径 …… 204
    25.2.2 传感器 …… 205
25.3 通过实训环境管理 IoTDB …… 205
    25.3.1 在实训环境命令行打开 IoTDB …… 205
    25.3.2 向 IoTDB 中导入时序数据文件 …… 207
25.4 利用 DWF 脚本操作 IoTDB …… 208
    25.4.1 通过 RESTful API 调用 DWF 中内置的 IoTDB …… 208
    25.4.2 在 DWF 中向 IoTDB 写入数据 …… 210
    25.4.3 用 DWF 手机端模拟上传发动机转速 …… 211
    25.4.4 用 App 端展示采集结果 …… 213

25.5 小结 ································ 216

第26章 集成Python数据分析能力 ·············· 217
26.1 DWF中调用Python脚本的基本原理 ········ 217
    26.1.1 调用Python程序 ·················· 218
    26.1.2 简单数据交换 ······ 218
    26.1.3 修改DWF数据 ···················· 219
26.2 修改设备Asset实体类对象的属性 ············ 221
26.3 在Python中调用IoTDB数据 ··················· 222
26.4 小结 ································ 224

第27章 第二部分总结 ··········· 225

第三部分 SDK扩展开发

第28章 配置本地开发环境 ···· 229
28.1 配置开发环境 ············ 229
28.2 建立开发环境 ············ 231
    28.2.1 启动后端Spring Boot调试进程 ····· 232
    28.2.2 启动前端调试进程 ················ 234
28.3 DWF的运行架构 ······· 235
28.4 小结 ································ 238

第29章 DWF插件开发入门 ··· 239
29.1 插件源代码的组织结构 ···················· 239
    29.1.1 插件后端代码的组织结构 ·········· 240

    29.1.2 插件前端代码的组织结构 ·········· 241
    29.1.3 装配指示文件 ······ 241
29.2 菜单的操作插件 ········ 243
29.3 表单的操作插件 ········ 245
29.4 扩展后端的RESTful API ·························· 246
29.5 小结 ································ 248

第30章 扩展DWF后端服务 ···· 249
30.1 后端插件的装配结构 ·· 249
30.2 后端访问数据库 ········ 250
    30.2.1 DWF内置Service服务 ················ 250
    30.2.2 直接访问数据库 ··· 252
    30.2.3 引用外部依赖包 ··· 253
30.3 小结 ································ 255

第31章 操作插件入门 ··········· 256
31.1 表单控件简介 ············ 256
31.2 在前端访问DWF中的数据 ·························· 257
    31.2.1 查询DWF的RESTful API ······ 257
    31.2.2 快速查询的语法 ··· 259
31.3 打开DWF的表单 ······ 260
31.4 工单时间线列表 ········ 262
31.5 小结 ································ 265

第32章 表单操作高级扩展 ···· 267
32.1 表单操作的原理 ········ 267
32.2 编码控制按钮操作 ···· 268
32.3 小结 ································ 270

第33章 表单控件开发入门 ···· 271
33.1 表单引擎的基本原理 ·· 271

33.2 入门表单控件 …………… 273
    33.2.1 表单插件的文件组成 …………… 273
    33.2.2 控件表单画布编写 …………… 273
33.3 小结 …………………… 276

第 34 章 表单控件开发进阶 …… 278
34.1 开发控件的建模端 …… 278
    34.1.1 引入 EditBox 标签 …………… 278
    34.1.2 引入 EditBox 组件 …………… 279
    34.1.3 定义控件配置变量 …………… 280
    34.1.4 实现回调函数 …… 281
    34.1.5 装配指示文件 …… 282
34.2 开发在 App 端的控件展示 …………… 283
    34.2.1 App 端的标签部分 …………… 283
    34.2.2 App 端的脚本 …… 284
    34.2.3 关于控件事件触发操作 …………… 287
    34.2.4 装配指示文件 …… 288
34.3 小结 …………………… 288

第 35 章 表单控件高级开发 …… 289
35.1 列表控件的功能 ……… 289
35.2 准备基础代码文件 …… 290
35.3 建模端实现 …………… 290
    35.3.1 设计控件的选项 …………… 291
    35.3.2 控件显示的数据 …………… 292
    35.3.3 加载数据的方法 …………… 293
35.4 App 端实现 …………… 296
    35.4.1 标签部分实现 …… 296
    35.4.2 脚本部分实现 …… 297
35.5 装配指示文件 ………… 302
35.6 小结 …………………… 303

第 36 章 插件的打包与装配 …… 304
36.1 生成插件的打包文件 ………………… 304
36.2 直接在 DWF 中装配 … 304
36.3 检查装配效果 ………… 306
36.4 小结 …………………… 306

第 37 章 第三部分总结 ………… 307

第 1 章 绪 论

1.1 发展工业软件的时代背景

如今,我国制造业规模已达到世界领先水平,但仍以中低端产业为主,高端制造业技术依旧掌握在欧美发达国家手中。这一点在工业软件领域尤为明显,国内工业软件市场几乎被国外先进软件垄断。

通过将企业的工业技术、制造工艺、生产管理等工业知识软件化,工业软件可以有效提高企业的研发、生产、运营管理的效率和产品性能,在产业链中发挥不可替代的作用,因此被誉为工业领域的"皇冠"。作为全球知名的世界工厂与制造业大国,我国的制造强国战略和制造业数字化的转型升级不断深入,对工业软件的需求不断增加,这极大地促进了工业软件的高速发展。然而,作为"工业制造的大脑和神经",国产工业软件的相对薄弱已经成为中国制造业进一步发展的瓶颈之一。

顾名思义,工业软件以工业为主题,以软件为载体,它更像是数学、物理、机械和软件等学科的综合体,需要在工业领域有丰富知识和实际经验的人才。工业软件是对工业流程数据化的体现,其开发既需要计算机软件人才,更需要工业领域人才。客观而言,我国工业软件的落后缘于工业的落后,尽管近年来我国经济高速发展,建立了健全的工业体系并且成为世界工厂,但是高端的工艺及其研发能力、制造过程的流程化和数据化还有待提高。同时,欧美发达国家不断构筑新的技术壁垒,阻止我国在高端领域的发展,我们对此必须有清醒的认识,发展国产工业软件已迫在眉睫。在工业领域中,通过推进产学研用一体化,构建以企业为主体、以市场需求为导向、以市场机制为保障的产学研合作长效机制,实现高校、企业优势叠加,打造共赢的产学研协同创新生态体系是一条符合我国国情的发展国产工业软件的道路。

自 2020 年受新冠疫情冲击以来,各行业迫切希望通过加快自身数字化水平以应对突发事件，国家也相继发布一系列政策给予鼓励及支持。2020 年 3 月 30 日，中国共产党中央委员会(以下简称"中共中央")、中华人民共和国国务院(以下简称"国务院")发布的《关于构建更加完善的要素市场化配置体制机制的意见》指出，要加快培育数据要素市场，推进政府数据开放共享，提升社会数据资源价值，加强数据资源整合和安全保护。5 月 22 日，《政府工作报告》中指出，要加强新型基础设施建设，发展新一代信息网络，拓展 5G 应用，建设充电桩，推广新能源汽车，激发新消费需求，助力产业升级。9 月 21 日，国务院国有资产监督管理委员会印发的《关于加快推进国有企业数字化转型工作的通知》指出，要运用 5G、云计算、区块链、人工智能、数字孪生、北斗通信等新一代信息技术，探索构建适应企业业务特点和发展需求的"数据中台""业务中台"等新型 IT 架构模式，建设敏捷高效可复用的新一代数字技术基础设施，加快形成集团级数字技术赋能平台。2021 年 4 月 28 日，中共中央、国务院发布的《关于加强基层治理体系和治理能力现代化建设的意见》指出，力争用 5 年左右的时间，建立起党组织统一领导、政府依法履责、各类组织积极协同、群众广泛参与、自治、法治、德治相结合的基层治理体系，健全常态化管理和应急管理动态衔接的基层治理机制，构建网格化管理、精细化服务、信息化支撑、开放共享的基层管理服务平台。

1.2 传统工业软件的发展及面临的挑战

工业软件变革了生产方式，极大地促进了生产力的提升，支撑着制造业的快速发展。工业软件可以将制造业领域中技术人员的专业知识和经验固化和传承，能推动工业技术知识的复用与重构，筑牢工业的生产基础。与此同时，工业软件也具有高度技术复杂性。开发工业软件不仅需要编程基础，还需要数学、物理、机械等众多学科的专业知识，要对制造工艺和工业机理有深刻的理解，这些构成了开发工业软件领域的技术壁垒。

工业软件属于应用驱动的产品，与制造业企业的联系非常紧密。在应用工业软件的过程中，制造业企业可以对工业软件的功能和机理提出改进意见，促使工业软件更快更好地发展迭代，从而更好地支撑工业生产和运营。

1.2.1 国产工业软件的现状

当前，我国的制造业发展迅速，但是工业软件市场基本被欧美发达国家的工业软件所垄断，国产工业软件一直处于夹缝中求生存的状况，因此分析国产工业软件的瓶颈根源可以为早日实现稳健、可持续的工业软件生态系统奠定坚实的基础。当前的工业软件主要存在以下 4 个特征。

- 目前，我国的核心工业软件市场主要由国外供应商垄断，特别是研发设计类核心软件，国外供应商占据了 90%以上的市场，而国内的软件只占不到 10%的市场。即便是技术含量较低的生产管理类工业软件，在高端领域也被德国 SAP 和美国 Oracle 公司占据 90%以上的市场。
- 国内工业软件在知识产权保护方面存在不足。当前，我国很多工业软件存在被盗版的现象。知识产权保护不利阻碍了工业软件的进一步发展。
- 缺乏核心技术。当前国产工业软件的主要问题在于技术不够精深，产品竞争力不够强大，核心建模操作可靠性不足，国外卖给国内的一些高端软件也往往不对我国开放高精尖功能。与我国当前面临的其他瓶颈制约技术类似，整个产业链该有的技术或产品我们都具备并且都能生产，但是关键场景核心技术的缺失弊端非常明显。好的工业软件应该是综合基础学科、工艺、管理、控制等多领域知识的体系化产品，与产业链上下游实现有机协同，才能逐渐发展壮大。这种协同各学科共同开发工业软件的条件正是我国工业软件目前面临的最大挑战。
- 人才严重缺失。近年来，由于互联网兴起，高校培养的软件专业人才更倾向于涌入互联网企业赚取高薪，而不愿意进入制造业企业发展工业软件，加上当前我国的工业软件和制造业的深度融合不足，生态环境较差，因此专业从事工业软件的人才非常稀缺，市场上相关的研发人才也很难寻。虽然教育部正在推动国产工业软件的"三进"工作，即进大学、进教室、进教材，但是还不能满足企业的需求。

1.2.2　国产工业软件的战略机遇期

近年来，随着中美贸易摩擦带来的负面影响，俄乌冲突、台海危机进一步加剧了中国与欧美各国的矛盾。这些情况给我国的整体经济形势带来了严峻的挑战，但是同时也为高端工业软件的国产化带来了一定的机遇，具体表现在以下 3 个方面。

- 美国对我国高科技产业的技术封锁持续加剧，多家中国公司和机构被列入黑名单，国家面临的外部压力倒逼工业软件的国产化加速进行，构建自主可控、安全可靠的国产工业软件产业体系势在必行。国家层面也发布多项政策支持国产工业软件的发展。2020 年 7 月，国务院印发的《新时期促进集成电路产业和软件产业高质量发展的若干政策》中要求，聚焦工业软件的关键核心技术研发。2021 年 7 月，中华人民共和国工业和信息化部、中华人民共和国科学技术部等六部管理委员会联合发布的《关于加快培育发展制造业优质企业的指导意见》中要求，推动自主可控工业软件的推广应用，提高企业的软件化水平。
- 当前，我国正在由"制造大国"向"制造强国"转变，产业数字化、网络化、智能化的转型升级不断加速，企业的技术赋能需求很迫切。新冠疫情的暴发更是对企业的生产方式提出了严峻的考验，工业软件作为新一代的技术在促进实体经济增长方面具有广阔的市场空间。
- 随着云空间、云服务器的发展，工业软件的云服务已成为必然趋势。原来的单机产品需要重新进行整体架构，类似工业软件 App 的轻量化产品的发展也是建立在传统大型工业软件解耦的基础上。这种工业软件的云服务也在一定程度上削弱了海外软件巨头的垄断地位，为我国工业软件的加速发展甚至弯道超车提供了宝贵的机会。

1.3 低代码工具开发工业软件的机遇

"低代码"(low-code)一词最早由位于美国马萨诸塞州剑桥市的 Forrester Research 公司在 2014 年提出，表明企业更喜欢选择低代码作为替代方案来实现以快速、连续、测试和学习为目的的软件交付。由于代码的主要部分已经开发出来，因此用户只需要可视化地配置应用程序，而不必手动编码或进行必要的调整来开发他们需要的应用程序。Forrester 进行的一项调查显示，低代码开发平台将开发速度提高了 5~10 倍。从时间角度看，由于开发周期的缩短，无论应用程序是由公司开发还是由外部开发人员开发，成本都会降低。

低代码软件开发是一种新兴的范例，它将最少的源代码与交互式图形界面相结合，以促进快速应用程序开发。它解决了领域需求和开发人员理解之间的差距，这是许多具有复杂业务逻辑的应用程序产生交付延迟的常见原因。根据 Gartner 报告，2024 年大约有 65%的大型企业将在某种程度上使用 LCSD(Low-Code Software Development)平台。为迎合竞争市场的需求，商业组织通常需要快速开发和交付面向客户的应用程序。LCSD 平台受到模型驱动软件工程方法论的启发，使用知识和活动的领域抽象表示来指导开发过程，而不是过分专注于算法计算，从而得到了广泛的认可。最受欢迎的低代码平台有 Mendix、Appian、Google App Maker、Microsoft Power Apps 等。

1.3.1 低代码技术的发展历程

虽然低代码开发的概念是 2014 年由 Forrester Research 公司提出的,但是其发展可以追溯到 20 世纪 90 年代末的模型驱动工程(Model Driven Engineering,MDE)方法;其核心思想是将领域模型抽象成领域特定语言(Domain Specific Language,DSL),将行业专家的知识转变为计算机可以执行的软件。这样做一方面可以大幅度拉近领域工程和软件工程之间的距离,使得软件开发更加贴近实际场景;另一方面,模型驱动工程方法也在某种程度上使得领域软件获得了应对快速发展的软件技术的穿越能力,防止颠覆性 IT 技术的出现对成熟业务造成冲击。纵观历史,低代码开发技术大致可分为 4 个比较有代表性的阶段,如图 1-1 所示。

图 1-1 低代码开发技术的发展历程

1. 第一阶段:模型驱动的代码工程

这一阶段可以追溯到20世纪 90 年代末,随着面向对象的开发思想和统一建模语言(UML)的提出,一批软件开发商试图通过计算机辅助软件开发工具(CASE)实现代码和领域模型的分离,让领域专家有机会参与到软件工程工作中。在这个阶段,比较有代表性的工具有 Rational Rose/XDE、Enterprise Architect 等。但是由于信息技术的高速发展,这些以 UML 为基础的软件工程辅助工具难以跟上时代发展的潮流,最后被市场淘汰或者转型为更加高层次、专业化的建模工具,更多用于规划大型复杂软件,脱离了模型驱动产生软件的本质。

2. 第二阶段:可配置系统

2000 年初,随着大型企业对管理信息系统的成功应用,催生了一大批至今还在市场上长期存在的信息化软件，如 PLM、ERP、CRM、MES、SCM 等。这些软件在售卖自家的信息系统产品的同时出于降低开发成本的目的，纷纷在自己的核心产品中植入了快速的二次开发能力。这些快速开发能力依托开源的集成开发环境(如 Eclipse)或自行开发专业化开发环境实现快速定制。在这个阶段，产品的主要特点是基于自身原有的核心产品发展出一些可配置功能和可扩展的框架，其优势是显著降低了定制开发的成本，但是局限性是难以脱离核心产品提供独立应用。

3. 第三阶段：模型驱动的应用开发框架

进入 21 世纪前十年，随着企业级的网络、数据库和中间件技术的发展，信息系统的基础设施建设成本显著降低，软件逐步走出了之前的匮乏年代，出现了更多的定制化应用开发需求，市场上的企业对这类定制化的软件展现出前所未有的兴趣与支付意愿。而上一阶段的传统信息系统由于自身固有功能的限制导致难以适应这种高度个性化的需求，于是催生了一系列面向开发者的快速开发框架，其大多在关系数据库的模型基础上生成代码，再由程序员补充特殊业务逻辑的代码，进而实现完全独立的应用。这个阶段产品的一个共同特点是通过模型驱动产生代码，之后由程序员对代码进行修改得到最终应用；其出现虽然大幅度降低了应用开发人员的负担，但是注定只能在程序员群体中使用。在国内，也出现了很有代表性的产品，如 JeeCG、JeeSite、JeePlus 等。

4. 第四阶段：低代码开发产品

随着 21 世纪前十年移动互联网和互联网公司的崛起，越来越多的企业尤其是传统企业急切地谋求通过掌握互联网头部企业所掌握的新技术手段实现其转型升级。然而，市面上可以找到的资深开发者和这一迫切需求之间形成了巨大的供需矛盾。此时，低代码概念产品的提出从两个层面满足了这种需求：第一，大幅度拉低了新型应用开发的成本，例如，移动互联网设备应用开发的成本；第二，通过云计算技术大幅度加快了应用的起步速度。加上开发工具使用的技术栈明显优于上一个时代产品，从而使得"低代码"产品在继承了模型驱动的开发理念的同时，又通过移动互联网技术和云计算技术发展了模型驱动技术的外延，从而在国外获得了广泛的认可。

1.3.2 对低代码技术发展趋势的展望

总结历史发展的趋势，可以发现低代码概念和对应产品的出现遵循了软件产品从稀缺到富足、从共性到个性、从精英化到平民化的发展规律。未来，随着低代码技术应用不断深入发展，其边界必将从单纯的软件开发渗透到客观世界的具体领域，在这个渗透的过程中也必然会遇到超出其原有能力的挑战。在应对客观世界种种限制与挑战的过程中，会不会还是以"低代码开发工具"这个名称存在实际上并不重要，重要的是能不能将信息技术的最新发展成果和现实世界各个领域的未被满足的需求创造性地结合起来，从而获得更高层次的发展。

1.4 清华数为 DWF 低代码开发工具

1.4.1 发展历程

DWF 是 DataWay Framework 的简称，其研发背景可追溯到 20 世纪 90 年代末清华大学软件学院在计算机辅助设计(CAD)、产品数据管理(PDM)、产品全生命周期管理(PLM)和复杂装备的维护、维修与大修(MRO)等支持平台方面的软件研发和项目实践。在这期间，研发团队经历了国产工业软件和国内工业企业相伴发展的过程，也体会到单纯地以通用定制化软件去满足企业个性化需求的困难。

与此同时，在 21 世纪的前十年，清华大学软件学院在数据技术层面上也在积极开展工作，并于 2016 年由国家发改委批准成立大数据系统软件国家工程实验室。该实验室由清华大学牵头，北京理工大学、国防科技大学、中山大学、北京大学、中国人民大学 5 所 985 高校参与，联合百度、腾讯、阿里等建立，2021 年升级为大数据系统软件国家工程研究中心(后简称"工程中心")。

基于上述两方面的背景，塑造了工程中心在攻关方向上的独特定位，即"将大数据系统软件代表的一般性理论、方法和技术应用于我国工业领域的具体实践"。因此，自"工程中心"成立后，就将大数据技术在领域的应用作为一个重点，并设立了"大数据领域应用开发环境"这一研究方向，由此产生了 DataWay Framework 这一开发工具。

1.4.2 主要特点

DWF 是一款大数据应用软件低代码开发工具，支持基于统一模型的异构数据源接入、可视化界面组件拖曳、低代码业务逻辑开发、应用功能模块封装与复用，具备与多种工作流及规则引擎的集成能力，可降低应用软件的开发门槛，满足大数据应用系统的快速开发和迭代需求。

在具体功能上，DWF 具有以下 4 个特点。

- 一站式：让系统开发人员将注意力集中在数据和交互两个关键问题上，免于考虑软件架构和技术细节。
- 可配置：采用模型驱动的设计理念，以配置的方式实现系统开发，降低后续测试、维护的成本。
- 敏捷性：及时交付系统，及时修改系统，快速响应变更需求。
- 低码量：基于模型开展有针对性的编码扩展工作，减少编码总量，降低开发难度。

这 4 个特点既偏向数据工程，又偏向软件工程。DWF 希望在数据工程和软件工程间架起一座桥梁，以数据为中心实现快速应用的开发。

1.4.3 应用场景

DWF 可以在单台服务器上单独部署使用，也可以作为工业互联网平台 App 开发服务的核心，实现多租户隔离的统一运维服务。其主要作用如下。

- DWF 可以作为复杂应用系统的协调器，实现快速整合不同服务组件的目的。总结起来，可以发挥以下三类主要职能。
  - 数据总线：为各个不同服务组件提供用于配置数据的集中管理场所。
  - 控制总线：通过后台的二次开发接口驱动其他组件工作。
  - 交互总线：快速将大数据组件的分析结果展示给用户。
- DWF 可以作为支撑企业快速搭建数字化应用的低码量工具，例如，针对中小企业信息管理需求快速开发应用程序和工单管理、设备管理等部门级应用。
- DWF 可以作为智能物联网领域创新应用研发工具，帮助 IoT 工程师定制端到端的应用功能，集中精力解决 IoT 领域的应用。

1.5　内容简介

1.5.1　组织结构

本书围绕清华数为低代码应用开发工具 DWF 的原理与技术展开，主要针对希望了解低代码开发技术的软件人员，从基础逐步深入到以下 3 个部分。

- 第一部分：无代码定制，也就是入门阶段，主要是无代码开发。这部分内容可以使用 DWF 建模工具进行模型定制，包括数据模型定制、表单模型定制、功能模型定制、权限模型定制、模型打包管理等。
- 第二部分：脚本开发，是进阶阶段，主要是低代码开发。这部分内容可以在模型基础上完成脚本开发，包括前端操作脚本、后端操作脚本、后端事件脚本、工作流脚本等。
- 第三部分：SDK 扩展开发，是高级阶段，主要是硬代码开发。这部分内容能够进行编程扩展，能力不受 DWF 模型限制，包括增加新的后台服务、扩展个性化表单控件、增加自定义数据类型、开发独特的展示页面等。

1.5.2 教学案例

为方便讲解，本书将以一个混凝土搅拌车队的设备管理系统作为案例，穿插介绍与 DWF 开发有关的基本概念。企业的设备管理是一个较复杂的业务系统，通常要包括设备的定位、故障管理、设备台账管理、备品备件管理、维修计划管理、现场作业管理等业务模块。本书中将复杂的设备管理应用进行了简化和抽象，以帮助学员由浅入深地掌握 DWF 使用技巧。设备管理系统功能框图如图 1-2 所示。

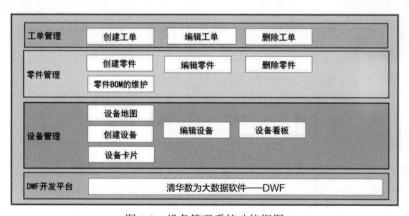

图 1-2　设备管理系统功能框图

可以将该设备管理系统简化为设备管理、零件管理和工单管理 3 个模块。
- 设备管理：在这个模块中，目标用户可以对设备基本信息进行维护，包括代号、名称、安装时间、业主名称、设备类型、工作小时数、经纬度位置、报警次数、设备照片等。通过这些属性可以帮助用户在地图上跟踪设备位置信息。

- 零件管理:在这个模块中,对设备维护与修理过程中需要使用的零部件进行维护,包括零件名称、类别、规格、材料、图片等基础属性,以及由零件组成的设备分解和装配的结构。
- 工单管理:在这个模块中,以工单为单位维护设备的日常维修过程,包括需要维修的设备、需要维修的部位、标题、内容、要求完成时间、负责人、现场照片,定义维修工单与设备和零件的关系,查看工单的状态等。

通过后续章节的学习,读者可以配置一个网页应用程序和一个手机App,实现对设备、零件和工单的数据维护,如图1-3和图1-4所示。

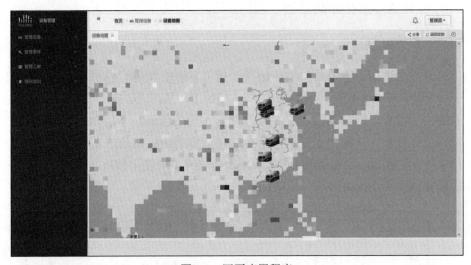

图 1-3　网页应用程序

 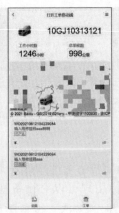  

图 1-4　车队管理系统的手机App

1.5.3 获取 DWF 实训环境

到本书成书时，DWF 仍然在不断完善和改进，其功能还在随着技术发展不断迭代。因此，除了本书介绍的内容，建议读者通过手机扫描图 1-5 中的二维码，提交报名信息。

图 1-5 获取实训环境

报名通过之后即可通过邮箱获取最新版本的 DWF 实训环境及有关 DWF 的进一步更新的信息。实训环境确认邮件如图 1-6 所示。

图 1-6 实训环境确认邮件

一个完整的实训环境由以下三部分组成。

- 第一部分：DWF 建模工具的用户名和密码，在实训环境中默认的用户名为 admin。以 admin 身份进入建模工具后可以看到如图 1-7 所示的界面，在后续章节中会继续详述其主要功能。

图 1-7　DWF 建模工具首页

- 第二部分：包含一些培训的资料，包括往期培训的视频、快速入门的在线资料和综合案例的汇编。
- 第三部分：针对进阶和高级开发任务，提供了实训环境自身的数据库管理工具和一个在线的集成开发环境，用于进行高级数据的处理和诸如 Python 脚本的开发。

第一部分

无代码定制

本部分将由浅入深地介绍 DWF 的无代码定制的能力。在之前的绪论中已经介绍过，区别于以界面为中心的技术路线开发出来的低代码开发工具，DWF 是一款以数据为中心的低代码应用开发工具。因此，在应用开发之前对数据模型进行设计非常重要，在后续的介绍中也会先从数据建模开始介绍。具体来说，第 2 章从简单的数据模型定制功能开始，介绍如何针对前面描述的车队应用建立数据模型；第 3 章介绍网页和手机上的应用的菜单、功能定制方法；第 4~7 章逐步介绍基于数据的表单定制方法；第 8、9 章介绍组织模型和授权模型定制方法；第 10 章介绍如何将成型的应用打包分发。

通过前面 9 章的学习，读者可以掌握快速定制一个应用的基本技能，之后将进入进阶部分，围绕复杂的数据模型开展专题介绍。第 11 章进一步介绍 DWF 具备的关联类数据模型的定制方法；第 12 章则围绕关联类定制能力介绍配套的表单定制方法；第 13、14 章针对工业领域经常用到的产品结构树定制进行专门介绍。

第 2 章　数据模型——让 DWF 认识你的数据

数据建模是 DWF 的基础模块。它可帮助用户实现对属性、类等元数据进行建模，并由 DWF 平台自动转化为元模型信息代码文件后编译并注册到系统，提供运行时所需的业务对象。

为了让读者更好地理解数据模型的概念，我们将结合搅拌车车队管理的教学案例逐步展开对数据模型管理的介绍。在开始进一步介绍之前，要求读者至少具有 Excel 工作表的使用经验，我们会在 DWF 数据模型的概念和 Excel 工作表之间作一个类比来帮助读者逐步理解相关知识点。

通过本章的学习，读者将能够把保存在 Excel 表中的搅拌车设备数据导入 DWF 中。

2.1　数据模型的基本概念

要了解数据模型，首先要了解实体类的基本概念，本节主要介绍实体类、实体类属性、实体类对象这 3 个基本概念，之后的章节中会随着内容的深入不断引出新概念。

2.1.1　实体类

实体类指的是一类格式相同的数据，对应数据库中表的概念。通俗地讲，实体类的概念和读者日常接触的 Excel 文件中的工作表具有对应关系，在 DWF 中也支持直接通过 Excel 文件创建实体类并且将数据导入该实体类中。和 Excel 文件中的工作表的不同之处在于，每当新增一个实体类时，DWF 会同时在后台数据库中增加一个对应的表来存储数据，从而可以通过各种不同的界面展示和修改数据。

在 DWF 中，一个实体类的基本描述包含其英文名、显示名和数据库表前缀，如表 2-1 所示。利用建模工具可以建立实体类。

表 2-1 实体类

元素	英文名	备注
英文名	ClassName	类的名称,系统内唯一标识,英文字母
显示名	DisplayName	显示名称,可用中英文书写
数据库表前缀	ZoneName	记录类的域名,如实体类定制数据库表的默认前缀为 CUS

2.1.2 实体类属性

按照上面的类比继续深入,不难想象,在日常工作中使用 Excel 工作表时还需要明确每张工作表中的列以及列的数据类型,如数值、日期、文本等。同样,在 DWF 中,当实体类确定后,也需要定义实体类的属性,以便形成对特定概念的一般性描述,如名称、地址、年龄、编号等。

每个属性用名称、数据类型、是否为空,以及长度和缺省值等来描述,如表 2-2 所示。

表 2-2 实体类属性

元素	英文名	备注
属性名	AttributeName	属性的名称,系统内唯一标识
显示名	DisplayName	属性的显示名称,可中英文书写
数据类型	ValueType	如 Integer、Long、Boolean 等
长度	ValueLength	Integer

描述实体类数据的详细信息的方法是,用建模工具将实体类和属性建立绑定关系,定义实体类的属性。

实体类属性又分为系统属性和自定义属性。

- 系统属性:每创建一个实体类,DWF 会自动为其增加 8 个系统属性,并且自动维护这 8 个属性,这些属性在创建对象时自动赋值。
- 自定义属性:指为描述实体类需要自行定义的属性,这些属性与实体类绑定后才能成为实体类的自定义属性。例如,教学案例里设备实体类中的设备名称、设备类型、设备状态、设备图片等都是设备实体类的自定义属性。

2.1.3 实体类对象

实体类对应的具体数据称为实体类对象,其对应数据库表中的一行数据。

继续用上文描述 Excel 工作表的例子进行理解，实体类对象的概念与 Excel 工作表中的一行数据有着对应关系。每新增一个实体类对象，意味着在 Excel 工作表中新增一行数据，每一行的特定列所代表的单元格则表示具体的取值，也意味着实体类对象的属性值。

2.2 DWF 支持的数据类型和系统属性

2.2.1 数据类型

在 DWF 中创建实体类后，在数据库中会创建一个表；表的创建涉及表体的结构，就是说牵涉到表中的字段数据的格式，因此要对字段的数据类型进行定义。DWF 支持的属性类型有 13 类，如表 2-3 所示。

表 2-3 数据类型

类型	说明
UUID	128 位二进制数，用于表示数据库表的主键
Boolean	布尔开关
Integer	整型
Long	长整型
Double	浮点型
String	字符串
Clob	长字符串
TimeStamp	时间戳
Date	日期。与 TimeStamp 完全相同，目前为了兼容老版本而留存
Time	时间(无日期)
JSON	JSON 类型数据。与动态参数配合使用
LocalFile	指向服务器本地文件系统的文件，支持图片、文件、视频、音频类型
TimeSeries	时间序列。存取时序数据路径，用于访问时序数据。DWF 内置 IoTDB 接口来处理时序数据

2.2.2 系统属性

在 DWF 中，一个实体类描述一张数据表，表由系统属性和自定义属性组成。前面提到，每创建一个实体类，DWF 会自动为其创建 8 个系统属性，如

表 2-4 所示。

表 2-4 系统属性

属性名	显示名	数据类型	长度	描述
oid	全局唯一标识	UUID	32	对象的唯一标识
id	代号	String	50	方便用户查看和记忆的编号
creator	创建人	UUID	32	对象的创建人
createTime	创建时间	Date	-	创建时间
lastModifier	最近更新人	UUID	32	最近更新人
lastModifyTime	最近更新时间	Date	-	最近的更新时间
owner	拥有者	UUID	32	拥有者
currentProcess	当前流程	UUID	32	对象进入流程后的唯一编号

2.3 基本功能

数据建模模块拥有多项管理功能，本节只介绍实体类管理、数据连接管理和外部实体类管理，有关属性库管理、关联类管理的内容将伴随教学案例逐步展开介绍。

1. 实体类管理

对 DWF 创建的业务系统中所用的实体类进行实体类和属性的绑定。实体类管理包括"新增实体类""删除实体类""编辑实体类""查看对象""导出模板""导入数据""导出数据""从 excel 创建"等功能菜单，如图 2-1 所示。其中主要几项的功能如下。

- 查看对象：查看实体类中所包含的数据对象。
- 导出模板：选择实体类，选中需要导出的该实体类的系统属性和自定义属性，可以将实体类数据导出为 Excel 格式的文件。
- 导入数据：单击"导入数据"按钮，选择导入数据的路径，可将所选择的数据项进行导入。
- 导出数据：选择实体类，单击"导出数据"按钮，选中要导出的系统属性和自定义属性，可将所选择的数据项进行导出。
- 从 excel 创建：选择 Excel 文件可完成实体类的创建，并可同时导入 Excel 中的数据。

第 2 章　数据模型——让 DWF 认识你的数据 | 19

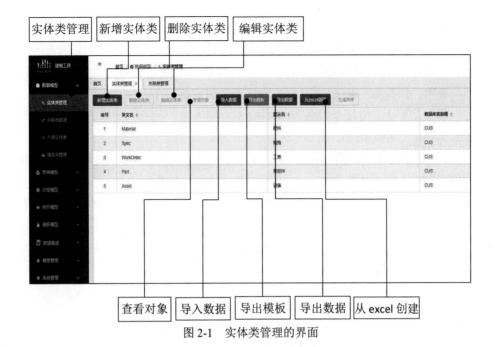

图 2-1　实体类管理的界面

2. 数据连接管理

用于连接外部的数据源，其主要功能如下。

- 新增数据连接：用于创建一个新的数据连接。
- 删除数据连接：用于删除一个已创建的数据连接。
- 编辑数据连接：用于编辑一个已创建的数据连接。
- 测试单个连接：用于测试一个指定的数据连接，可在"连接状态"处查看连接情况。
- 测试所有连接：用于测试所有的数据连接，可在"连接状态"处查看连接情况。

3. 外部实体类管理

用于将 DWF 默认数据源中存在的表映射为实体类，主要功能如下。

- 引入外部实体类：用于创建一个新的外部实体类。
- 删除实体类：用于删除指定的外部实体类。
- 编辑实体类：用于编辑指定的外部实体类，修改相关的信息，对引入的数据列进行调整。
- 查看对象：用于查看指定的外部实体类数据对象。

- 属性库管理：用于创建业务系统中所用的属性，主要功能包括：新增属性、删除属性、编辑属性、查看绑定类。

当选择"删除实体类"功能时，会有"级联删除与此实体类关联的关联类、表单、授权项"的选项出现，请读者慎重选择。

图 2-2 展示了搅拌车设备管理中的 3 个实体类，分别是设备实体类、工单实体类和零部件实体类。

- 设备实体类：描述设备本身的信息，包括设备名称、设备状态、设备的经度、设备的纬度、工作地点、总故障报警数等。
- 零部件实体类：描述设备的结构，包括零件名称、零件类别、零件规格、零件材料、零件描述等。
- 工单实体类：描述工单维修的部位，包括故障设备、故障部位、工单状态、截止日期等。

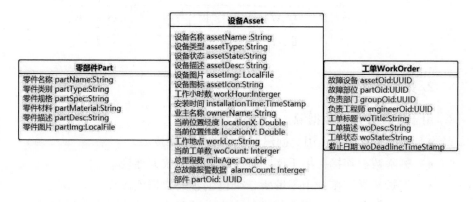

图 2-2　实体类示例

2.4　实体类建模

可以采用两种方法对实体类进行建模。

- 方法 1：从 Excel 创建实体类。
- 方法 2：通过新增实体类创建实体类。

2.4.1　从 Excel 创建实体类

下面以设备为例，在 DWF 建模工具中，单击"从 excel 创建"按钮，弹出相应对话框，在对话框中选择"选择 excel 并上传"选项，选择要导入的 Excel

文件(如图 2-3 所示)。上传成功后按图 2-4 所示的方式在 Excel 中把搅拌车的数据整理好。再次单击“从 excel 创建”按钮，导入 Asset 文件，修改显示名为“设备”。单击“编辑实体类”按钮，可以看见设备名称、设备类型、设备状态等(如图 2-5 所示)。

	A	B	C	D	E	F	G	H	I	J	K
1	id	assetName	assetType	installati	assetState	workHour	woCount	mileAge	alarmCount	locationX	locationY
2	代号	设备名称	设备类型	安装时间	设备状态	工作小时数	当前工单数	总里程数	总故障报警	位置经度	位置纬度
3	BC1010313107	搅拌车	搅拌车	2020/1/1	已创建	485	0	958	7	120.552902	36.852635
4	BC1010313108	搅拌车	搅拌车	2020/1/2	已创建	77	0	174	10	114.4076	30.654443
5	BC1010313109	搅拌车	搅拌车	2020/1/3	已创建	266	0	734	2	112.531043	37.632802
6	BC1010313110	搅拌车	搅拌车	2020/1/4	已创建	1483	0	48	10	112.5778	37.778142
7	BC1010313111	搅拌车	搅拌车	2020/1/5	已创建	353	0	58	8	114.357005	30.61812
8	BC1010313112	搅拌车	搅拌车	2020/1/6	已创建	1500	0	393	2	114.450108	30.516898
9	BC1010313113	搅拌车	搅拌车	2020/1/7	已创建	1277	0	617	2	112.57546	26.913432
10	BC1010313114	搅拌车	搅拌车	2020/1/8	已创建	911	0	654	9	114.461973	22.732098
11	BC1010313115	搅拌车	搅拌车	2020/1/9	已创建	732	0	309	7	112.550575	37.71827
12	BC1010313116	搅拌车	搅拌车	2020/1/10	已创建	323	0	843	2	114.419883	30.633945
13	BC1010313117	搅拌车	搅拌车	2020/1/11	已创建	955	0	210	10	114.450528	30.518377
14	BC1010313118	搅拌车	搅拌车	2020/1/12	已创建	1123	0	991	1	112.573043	26.89954
15	BC1010313119	搅拌车	搅拌车	2020/1/13	已创建	1032	0	932	3	113.123355	36.34666
16	BC1010313120	搅拌车	搅拌车	2020/1/14	已创建	1013	0	355	3	114.464707	30.523122
17	BC1010313121	搅拌车	搅拌车	2020/1/15	已创建	1246	0	998	4	112.574647	37.730908

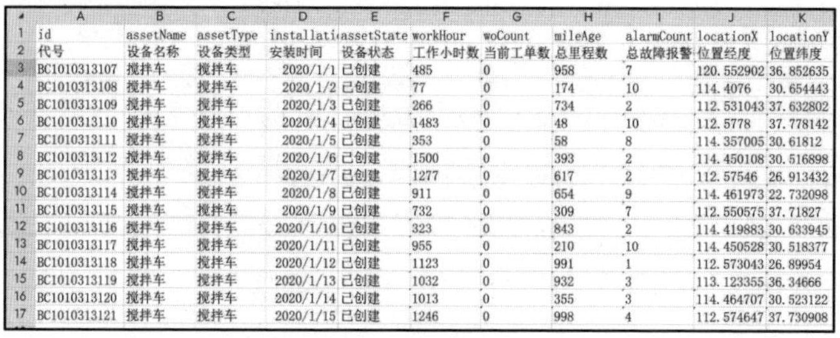

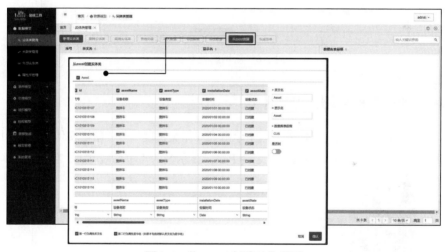

图 2-3　设备台账的 Excel 文件

图 2-4　从 Excel 创建时的界面

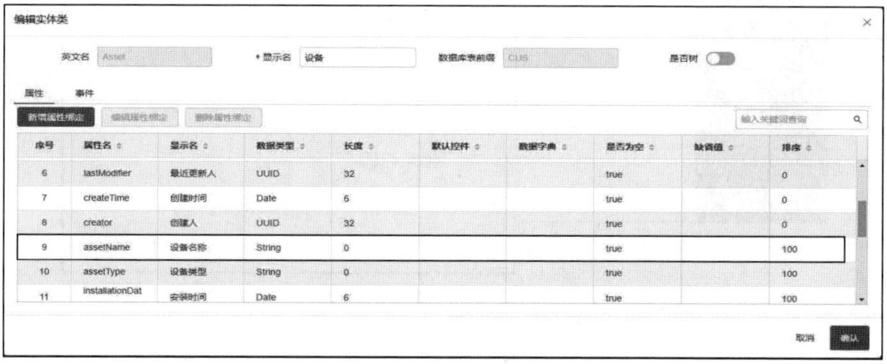

图 2-5　设备实体类属性

如果需要新增属性，可以单击"新增属性绑定"按钮，设置属性名称为assetDes，显示名称为"设备描述"，选择默认控件为"文本框"，查询方式为"文本模糊查询"，单击"新建并绑定属性"按钮(如图 2-6 所示)。使用相同方法新增设备图片、业主名称等。

图 2-6　新增属性对话框

2.4.2　通过新增实体类创建实体类

下面以零件为例，在建模工具中单击"实体类管理"→"新增实体类"，弹出"新增实体类"对话框。设置英文名为 Part，显示名为"零件"，如图 2-7 所示。

图 2-7　手动新增实体类

单击"编辑实体类"按钮，进行零件的属性设置，如图 2-8 所示。设置属性名称为 partName，显示名为"零件名称"，选择数据类型为 String，数据长度为 300，选择默认控件为"文本框"，查询方式为"文本模糊查询"，单击"新建并绑定属性"按钮。使用同样方式可以新增零件类别、零件规格、零件材料、零件描述及零件图片等属性。

图 2-8　新增属性对话框

读者可以任选一种方法创建工单的数据模型，本文不再赘述。除了实体类建模，DWF 中还支持复杂的产品结构和关联关系建模，而且可以引入外部系统的数据。

2.5　通过模型包导入数据

建立的数据模型可以利用模型包导入功能，将数据导入 DWF，这样读者可以快速建立自己的数据模型。本书的在线资源中已经准备好一个模型包，通过扫描本书封底的二维码可以下载。下载模型包之后，在建模工具中单击"模型管理"→"模型包管理"→"上传模型包命令"，上传刚刚下载的模型包，可以看到一个新的卡片出现在模型管理界面中。单击"更多"选项出现上下文菜单后再单击"释放"，会出现导入确认界面，单击"确认"按钮，即可将前文所述的模型导入，如图 2-9 所示。

导入成功后，回到建模工具的"数据模型"中，再次单击"实体类管理"按钮。然后刷新浏览器，可以看到在原来的 Asset 实体类基础上，另外出现了两个新的实体类，分别是 Part(零部件)和 WorkOrder(工单)，如图 2-10 所示。

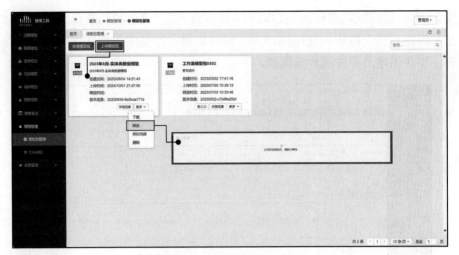

图 2-9　上传模型包并释放

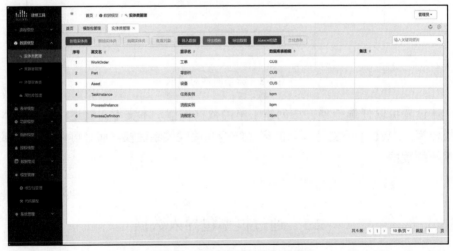

图 2-10　通过模型包导入数据

2.6　小结

本章通过类比 Excel 工作表的方式首先介绍了实体类、实体类对象及实体类属性 3 个基本概念，对实体类属性的基本操作作了介绍，并且以设备和零部件为例采用两种方法进行实体类建模。然后介绍了模型包的导入功能，通过该功能快速建立了另外两个后续还要继续使用的实体类，分别是工单和零部件。接下来读者将了解到如何建立完整的 PC 端应用和移动端应用。

第 3 章 功能模型——搭建一个 App 的框架

上一章介绍了将数据导入 DWF 并定义其格式的方法，当有了数据后，下一步是构思基于这些数据应该为潜在的用户设计什么应用。以搅拌车车队管理系统为例，可以考虑建立一个供车队管理员使用的后台页面，与此同时，为其在手机上也设计一个 App，以便帮助其快速浏览有关搅拌车的数据。

为达到这个目的，DWF 提供了功能模型定制功能，可以定制分组、菜单等顶层功能。不仅如此，利用多应用通道定制能力，可以为不同用户设计多样化的功能组合。在定制完菜单后可以利用其动作配置，实现弹窗、滑动、气泡、页签等不同类型的多样化交互效果。

接下来，本章将在数据模型的基础上，介绍如何通过功能模型来搭建应用的初始界面。

3.1 基本概念

针对功能模型，首先要了解应用、菜单及分组的概念，本节通过介绍这 3 个概念来阐述功能模型的具体用途以及基本的功能。

3.1.1 应用

应用代表一个独立完整的功能系统，分为两种形式，分别是 PC 端和移动端。DWF 自身使用了多应用通道的设计理念，就是在同一数据模型之上，可以建立很多个应用通道；有移动端的，也有 PC 端的，其中移动端和 PC 端根据不同的功能可以建立不同的应用。类似于打车软件，可以分为司机端和乘客端两个应用，并且这两个应用通道是相互隔离的，同时在后台管理员这块有一个 PC 端的应用通道去管理司机端和乘客端。这 3 个不同类别的人虽然相互之间是隔离的，但是数据是一致的，是同一组数据或者同一个数据模型，这就是应用的概念。

DWF 初始安装之后,会建立一个默认的 PC 端应用和一个建模工具应用。默认的 PC 端应用在交付给用户时,链接就是默认可用的,是可方便读者第一时间快速使用的系统。建模工具应用用于扩展,是给程序员扩展新的建模能力的一个应用入口,并且随着用户水平的提升,可以自己配置建模工具应用的内容。用户可以随意切换不同的应用。

3.1.2 菜单

菜单就是用户登录应用后可以展示的功能。一个应用可以建立很多菜单,将菜单进行分组,分为一级菜单、二级菜单。菜单可以绑定一个现有的表单或者直接创建一个表单。

3.1.3 分组

可以对应用的功能进行分组,分组包含创建根组、创建分组、创建表单和绑定表单。其中根组包含子分组,也可以直接创建表单和绑定表单。

3.2 基本功能

应用有两种类型:一种是 PC 端应用(见图 3-1),另一种是移动端应用(见图 3-2)。PC 端应用可以直接打开;移动端应用有两种启动模式,一种是微信扫二维码,另一种是在安卓系统中下载安装 App。PC 端应用首页有分组、菜单设置和应用名称。

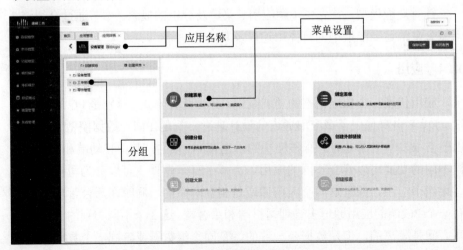

图 3-1 PC 端应用

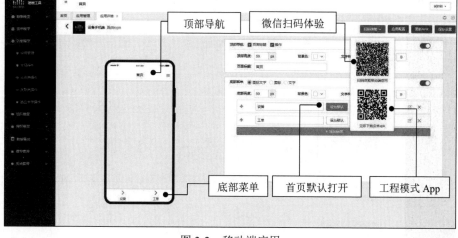

图 3-2　移动端应用

在移动端应用界面，可以设置底部菜单、顶部导航，也可以下载工程模式的 App(目前仅支持安卓系统)和直接用微信进行扫码体验。

3.3　功能应用

以数据模型中的设备、工单和零件为例，功能模型中有两种应用类型，分别是 PC 端应用和移动端应用。本节主要介绍这两种应用。

3.3.1　PC 端应用

单击"应用管理"，选择"新建应用"中的"PC 端应用"。设置应用名称为"设备管理"，单击"确认"按钮，如图 3-3 所示。

在 PC 端应用中，有创建根组、创建分组、创建表单、绑定表单等功能。其中创建根组是一级菜单；创建分组是二级菜单，可以选择属于哪个一级菜单；创建表单是三级菜单，用于创建展示具体内容的表单，将在表单建模中详细介绍；绑定表单是直接与表单模型中现有的数据绑定，用来展示具体内容。

打开"设备管理"应用，单击"创建根组"命令，填写分组名为"设备管理"，单击"确认"按钮。单击"创建分组"命令，填写分组名为"设备列表"，选择分组为"设备管理"，单击"确认"按钮。单击"绑定表单"命令，填写菜单名为"设备列表"，选择分组为"设备管理/设备列表"。选择目标类为"设备"，表单名称为 AssetMulti，单击"确认"按钮，如图 3-4 所示。

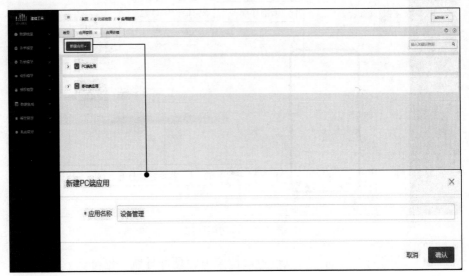

图 3-3 新建 PC 端应用

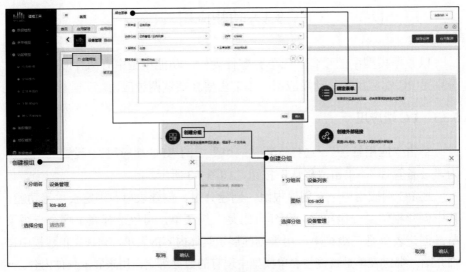

图 3-4 "设备管理"应用

单击"创建外部链接"命令,设置菜单名为"打开百度",选择分组为"设备管理/设备列表"。在网页中找到百度地图,复制网址,粘贴在"URL 地址"框中,单击"确认"按钮,如图 3-5 所示。

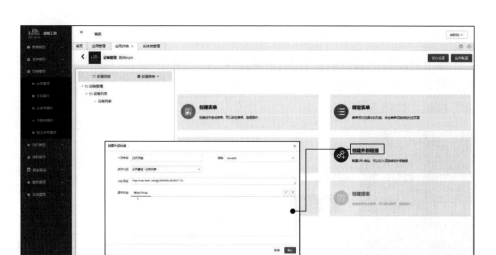

图 3-5　创建外部链接

单击"路由 login"命令,输入用户名及密码,进入设备管理的 PC 端页面,可以查看分组及各级菜单。以打开百度为例,单击"打开百度"按钮,进入百度地图页面(见图 3-6)。读者可以尝试在 PC 端应用中添加新的功能,也可以添加零件管理及工单管理等不同的根组、分组及表单。

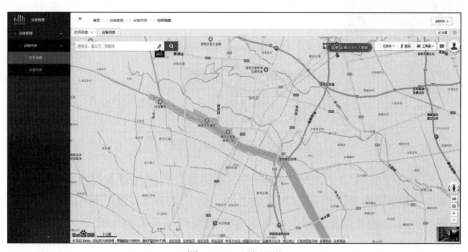

图 3-6　PC 端界面

3.3.2 移动端应用

本节介绍移动端应用，单击"应用管理"，选择"新建应用"下的"移动端应用"。设置英文名称为 assetMobile，中文名称为"设备手机端"，单击"确认"按钮，如图 3-7 所示。

图 3-7　新建移动端应用

在设备手机端的页面中，单击"添加标签"按钮，设置显示名为"设备列表"，选择目标类为"设备"(见图 3-8)。然后单击"表单名称"框后的新增按钮，在弹出的"创建表单"对话框中，选择移动端的目标类为"设备"，设置表单名为 empty，显示名为 empty，单击"确认"按钮，如图 3-9 所示。返回设备手机端页面，可看见"设备列表"标签，单击"设为默认"按钮，左端的模拟手机会显示设备列表，如图 3-10 所示。

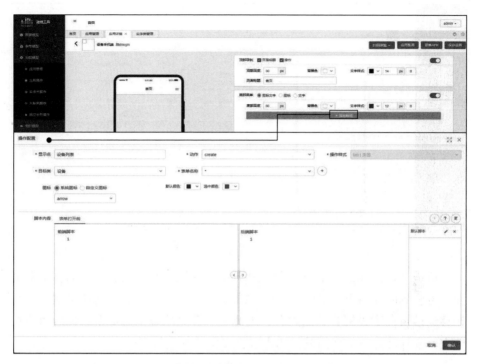

图 3-8　添加设备列表标签

图 3-9　在移动端创建表单

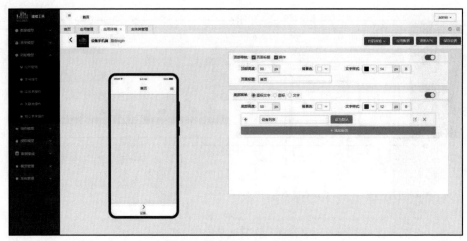

图 3-10　设备列表标签页面

单击"路由 login"命令，输入用户名及密码，进入设备列表的移动端页面，可看到图 3-11 所示的空白手机页面。由于本节主要介绍功能模型，没有在移动端页面中设置具体的内容，因此读者看见的是空白页面。在后面的章节中，会详细介绍如何用具体的内容去充实移动端页面。

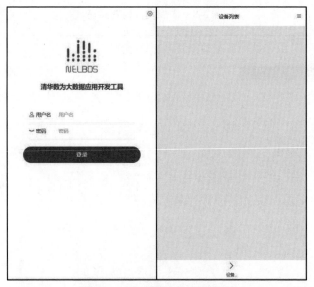

图 3-11　移动端设备列表页面

在移动端页面中，单击"扫码体验"按钮，会出现两个二维码。上面的二维码用微信可以扫，输入用户名和密码就可以登录进去；下面的二维码用安卓系统可以下载安装 App，如图 3-12 所示。

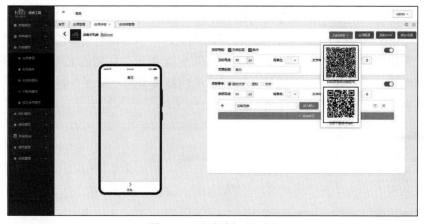

图 3-12　移动端扫码页面

3.4　通过模型包导入数据

可以像创建数据模型的模型包一样来创建功能模型的模型包。利用模型包导入功能，将数据导入模型包，这样用户就可以带走并且在其他 DWF 环境中打开。具体方法为单击"新建模型包"按钮，选择数据模型、表单模型、功能模型(PC 端应用中的设备管理、移动端应用中的设备手机端)，单击"确定"按钮，如图 3-13 所示。

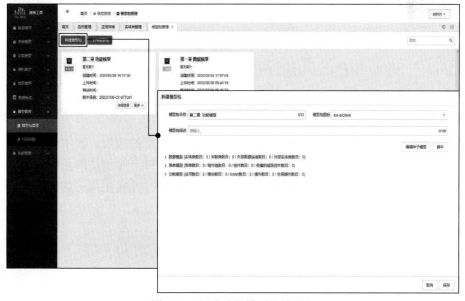

图 3-13　新建功能模型的模型包

在弹出的对话框中设置模型包名称为"第二章 功能模型",单击"保存"按钮。DWF 系统将生成一个功能模型的模型包。单击模型包中的"更多"按钮,可以将模型包导入自己的电脑,如图 3-14 所示。在新的 DWF 环境系统中,单击"上传模型包"按钮,然后单击功能模型的"释放"按钮,就可以导入自己建立的模型包进行使用。

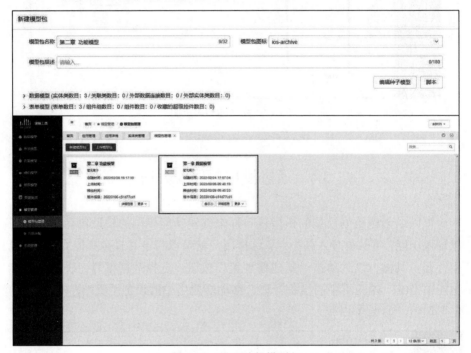

图 3-14 导入功能模型包

3.5 小结

本章主要讲解如何在 DWF 环境中建立功能模型的应用,其中介绍了应用、菜单及分组的概念。我们可以建立多个应用,每个应用是单独的一个通道。移动端的应用建立后,我们可以通过微信扫码的方式在自己的手机上进行体验,也可以在安卓系统中下载一个工程模式的 App。

第 4 章　表单模型(一)

数据和应用定制好以后，就可以开始深入定制针对应用的界面。在搅拌车管理系统中，用户除了希望看到以表格展示的搅拌车列表，可能还希望将车辆的位置绘制在地图上，并且可以通过手机查看列表和详情。这些形态多样的界面在 DWF 中均统一通过表单定制的方式来实现。

表单模型用于展示各种界面，将各种表单通过诸如按钮、表格的单击等操作互相联系起来，然后与功能模型中的应用相结合，向用户展现 DWF 开发软件的效果。表单建模基于拖曳和所见即所得方式完成界面的建模，DWF 控件支持与数据的无缝对接，让开发者将精力集中在需求获取工作上；通过 DWF 的分享功能可边用边改，及时响应需求变更。

本章将建立一个围绕工单的表单，初步了解表单定制的基本方法。在后续的章节中，将围绕表单定制的技巧进行深入介绍。

4.1　基本概念

在 DWF 中，用户能看见的 PC 端界面、移动端界面都是表单。表单打开之后展示的是控件，不同控件具有不同的功能和对应的选项。本节主要介绍表单、表单的目标类、控件及控件设置这几个概念。

4.1.1　表单

表单是用于展示实体类对象的界面模板，可以将其理解为网页。表单模型通过建模工具(modeler-web)定制，形式包括属性的展示方式和布局方式。每个表单有一个目标类，如果该目标类为实体类，则是实体类表单。DWF 中通过设置表单的目标类建立界面与数据的联系。

4.1.2 控件

单个表单通常由一个或多个表单控件通过一定布局方式组成,控件用于显示单个对象的某个属性或多个对象的列表。控件区位于表单定制页面的左端,包含布局、单对象控件、多对象控件、可视化控件、模型点选控件、编码扩展及 IoTDB 专用控件等。

控件设置指的是设置目标属性的特征,例如,日期控件可设置日期的显示方式。用于设置控件行为的叫作控件事件,每个控件有若干事件,例如,值变化就代表控件的一类事件。事件和操作绑定后,开发脚本控制表单的行为。用于设置控件的外观的是控件样式,如对齐方式等布局风格。

4.2 表单建模工具

4.2.1 表单定制页面

表单定制页面主要分为四部分,如图 4-1 所示。左边的区域是控件区,控件区的各种不同元素可以放到表单中,提供多样化的控件,用于处理不同的数据模型,直接双击或拖曳到画布区即可使用。例如,时间类型的属性可以使用日期框去维护数据,数字类型的属性可以使用数字框去维护数据。

图 4-1 表单定制页面

中间是画布区,即控件的布局、组合、设置都在画布区进行操作。画布区是前端页面的预览，画布中的内容将会呈现给终端用户。

顶部是工具条，用来设置控件和控件的布局参数，如行间距、标签和主区域之间的比例、全局颜色、字体、对齐方式等。此外，还有表单的基本操作，如右端有保存、分享、存为组件、关闭等，左端有创建、复制、删除、清空等。工具条提供的是对整体表单的操作，如创建、复制、删除表单等，它还控制整体布局的样式，提供前进、后退等快捷键，设置表单被打开前或关闭后的事件响应。

右边的区域是选项区，主要显示针对当前所选控件的数据属性和布局属性，建模人员可从这里调整各个控件的行为和样式。选项区包括控件的基本属性、样式、事件、批注等。其中属性是可设置的选项，可以进行个性化样式的设置。画布区中的控件被单击、双击、加载或关闭时有对应的事件，不同控件有不同的事件，可以针对这些事件来设置这些行为。有的控件自带一些批注，用户也可以自己在批注中进行标注。

4.2.2 控件分类

DWF 表单的控件区提供了六十多种控件，包括"布局""单对象控件""多对象控件""可视化控件""模型点选控件"与"IoTDB 专用控件"等类别，覆盖了基本的表单建模能力，如图 4-2 所示。

图 4-2 控件区的不同控件

其中，"布局"控件用于调整控件之间的间距、排列等，改善页面的外观、样式；"单对象控件"用于描述单个对象上的某一属性的信息。选择控件展示时需要考虑属性对应的数据类型；"多对象控件"用于描述多个对象的多条数据的信息;"模型点选控件"能够快速引用当前系统模型数据;"可视化控件"可将具体某个类上的数据用图表的形式直观展示出来;"编码扩展"指的是可通过 Echarts 和 JS 脚本实现扩展功能;"IoTDB 专用控件"用于记录和描述随时间不断变化的属性的大量数据,并将数据变化趋势、最大值、平均值等数据统计信息通过可视化的方式直观展示出来。

4.2.3　表单数据

在应用前端(App 端),DWF 表单引擎将数据和表单的控件结合起来形成表单实例。表单实例主要有 3 种状态,一种是"空白方式创建",显示一个空白的表单,表单不带任何数据,可以创建一个新对象;一种是"编辑方式浏览",显示一个用于修改对象的表单,可以修改表单中的数据;还有一种是"只读方式浏览",仅用于展示,不允许修改数据(如图 4-3 所示)。

图 4-3　表单分享弹窗

4.3　工单表单建模

本节通过对单个工单对象建立一个表单来阐述表单建模的功能。建立的工单效果如图 4-4 所示,有两个分组框,第一个是基本属性,第二个是工作内容。在"基本属性"分组框中,可设置工单的故障设备、故障部位、负责工程师、负责部门、目前的工单状态及要求完成的截止日期。这些控件涉及主外键点选、默认选项的下拉、行列布局等问题。"工作内容"分组框包括在文本框中实现大文本框"工单状态"和简单文本框"工单标题",然后显示上传图片。

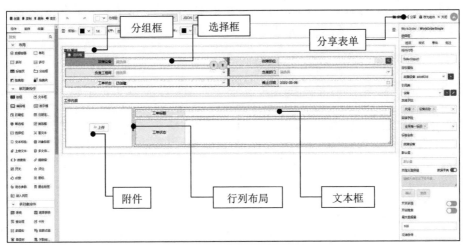

图 4-4 工单表单建模效果图

在"表单模型"中,单击"实体类表单管理"选项卡,找到工单 WorkOrder,单击"创建"按钮。在"创建表单"对话框的"PC 端"选项卡中,设置表单名(英文名)为 WorkOrderSingle,显示名(中文名)为"工单编辑详情",单击"确认"按钮,如图 4-5 所示。

图 4-5 新建工单表单

进入表单定制页面,从控件区中拖曳两个分组框到画布区。单击第一个分组框,在右端选项区中设置标题为"基本属性";单击第二个分组框,在右端选项区中设置标题为"工作内容"。拖曳 3 个多列控件到"基本属性"分组框中，1个多列控件到"工作内容"分组框中。读者可以调整分组框和多列控件的属性、布局、样式等，如图4-6所示。

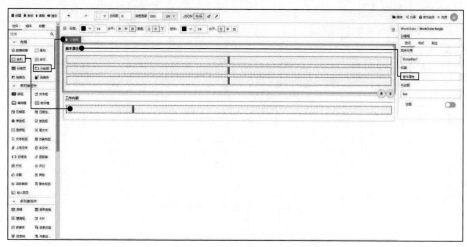

图4-6　工单表单布局

在"基本属性"分组框中，将两个选择框分别拖曳到第一个多列控件的左右两部分，将一个组织用户控件拖曳到第二个多列控件的左边，将一个日期框拖曳到第二个多列控件的右边。拖曳一个选择框到第三个多列控件的左边。在"工作内容"分组框中，拖曳一个上传文件控件到多列控件的左部分，拖曳两个文本框到多列控件的右部分，这两个文本框在多列控制中上下排列(见图4-7)。至此，工单表单所需的控件基本拖曳完毕。

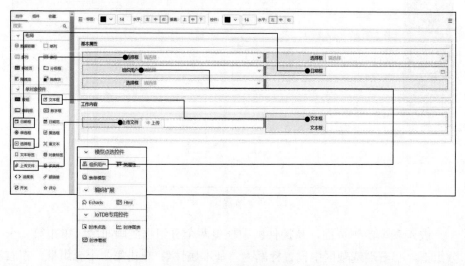

图4-7　工单表单控件

单击如图 4-8 所示的文本框，在右端出现的选项区中选择目标属性为"工单状态"，修改文本框类型为 textarea，最大行数改为 3。单击"样式"选项卡，修改整体高度为 100 px，将对齐方式中标签区域和主区域都改为"居中"，布局设定为"水平"。

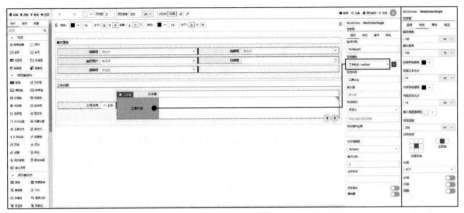

图 4-8　控件属性设置

以同样的方式修改"工单状态"文本框上面的文本框为"工单标题"。单击左端的"上传文件"命令，在"目标属性"中单击新增按钮(见图 4-9)，填写属性名称为 woImg，显示名称为"工单照片"，且选择数据类型为 LocalFile，单击"确认"按钮。然后单击选项区中的"样式"选项卡，设置对齐方式为主区域"居中"，高度为 130 px。

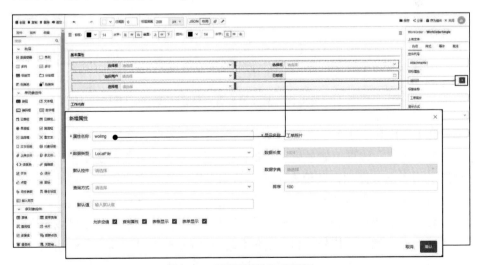

图 4-9　"新增属性"对话框

对于"工作内容"分组框中右端的两个文本框,读者可以进一步优化设置。例如,拖曳多行控件到"工单标题"文本框上方,然后在选项区中设置默认行数为 2,将工单标题放入第一个多行控件中,工单状态放入第二个多行控件中。

工作内容表单定制完成后,基本属性的表单内容可以直接绑定所属的属性。单击"基本属性"分组框中第三个多列控件的第一个选择框,在出现的右端选项区中选择目标属性为"工单状态",设置自定义选项组为"已创建""已下达""执行中""已完成"或"已关闭",设置默认值为"已创建"后,单击"确认"按钮。

单击第一个多列控件的第一个选择框,在出现的右端选项区中选择目标属性为"故障设备"。故障设备可以使用外键引用的数据字典来设置。如图 4-10 所示,启用"数据字典",选择引用类为"设备",点选浏览字段"代号""设备名称",以及回填字段"全局唯一标识"。

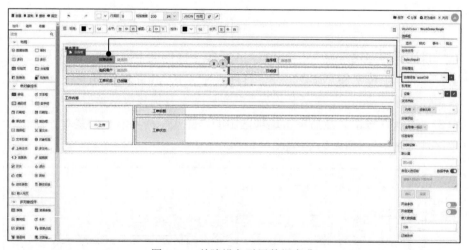

图 4-10　故障设备引用数据字典

在 DWF 中,有 4 个控件(分别是单选框、复选框、选择框、对象标签)具有"数据字典"选项。如果启用"数据字典",可在当前类的表单中应用所选择的引用类的数据项,实现表单跨类数据引用。数据字典可以和过滤条件组合使用,实现对数据的过滤。浏览字段是指单击下拉框显示引用类的指定属性。如工单的"针对设备"属性需要引用设备类上的对象,此时可以设置浏览属性为设备类的"代号"和"设备名称"。浏览表单是弹窗打开时引用类上的某个具体表单。为了能直观显示引用类对象的更多信息,我们通过直接打开一张多对象表单选择需要引用的对象数据。回填字段是指根据引用类的属性设定需要回填的字段。当需要引用一个对象上的全部信息时，选择引用类对象的 oid 作为回填属性。当仅需要引用对象的某个具体属性的数据时，可直接回填引用类的该属性。

在"基本属性"分组框中，设置完工单状态和故障设备后，单击"对象标签"控件，在右端选项区中选择目标属性为"故障部位"，引用类为"零件"，浏览表单为 PartMulti，回填字段为"全局唯一标识"，显示字段为"代号"。单击第二个多列的第一个"组织用户"控件，选择目标属性为"负责工程师"，将其指定为"用户"。单击第二个"组织用户控件"，选择目标属性为"负责部门"，将其指定为"用户组"。单击第三个多列的第二个框的"日期框"控件，在目标属性中新增一个"截止日期"属性并选择日期格式为"年月日"，单击默认值的当前时间。至此，工单的表单编辑内容基本完成。

单击"分享"命令，选择"空白方式创建"选项，出现如图 4-11 所示的弹框。单击"前往预览"按钮，进入如图 4-12 所示的表单界面。读者可以自己尝试使用"故障设备""负责工程师""工单状态"等框，了解其功能。

图 4-11　工单表单分享弹框

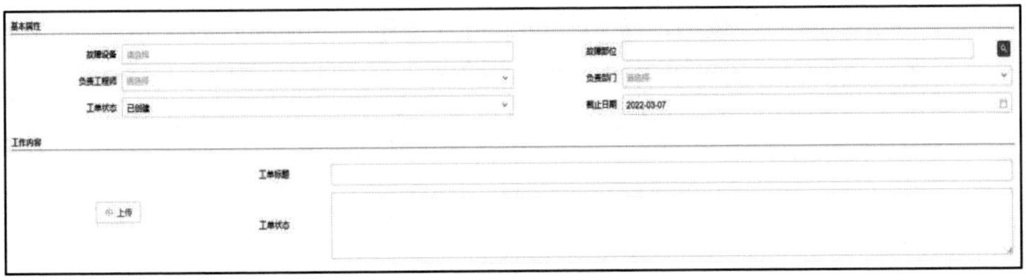

图 4-12　预览表单界面

接下来介绍条件编辑器，例如，有一些设备或设备本身的属性，如果不是用户管理的设备或属性，那么这些设备或属性就不应该在选项列表中显示，这时就需要在条件编辑器中设置过滤条件。条件编辑器中已经设置好编辑过滤条件的语法，读者只要简单了解规则就可以自己设置。

条件编辑器的基本语法是采用以 and 开头的逻辑表达式，字符 obj 表示查出来的目标类对象。例如，如果希望查询设备类(Asset)的状态属性(assetState)取值为异常的设备对象，语法就写为 and obj.assetState = '异常'。字符$obj 表示当前表单中正在被操作的对象。例如，如果在浏览设备(Asset)的表单中查询当前设备处于已完工的工单(WorkOrder)对象清单，语法就写为 and obj.woState = '已完工' and obj.assetOid = '$obj.oid'。例如，如果希望在单击操作显示工单时，过滤得到分配给用户的工单，语法就写为 and obj.woState = '已分配' and obj.assetOid = '$obj.oid' and obj.engineerOid = '$user.oid'，字符$user 表示当前登录用户的信息。关联类对象的字符，如 obj.left_[属性名]、obj.right_[属性名]和 obj.relation_[属性名]，分别代表左类、右类和关联类的属性。例如，查询搅拌车下装配数量为 2 的所有总成件，语法就写为"and obj.left_name = '搅拌车' and obj.relation_number = 2"。

图 4-13 是条件编辑器的举例说明。单击"故障设备"选项框，在右端选项区的过滤条件中的空白区域单击。在出现的条件编辑器的弹框中，单击类属性中的设备类型，空白区域将出现 and obj.assetType。然后把输入法改为半角模式，在 and obj.assetType 后输入='搅拌车'。接着单击设备名称，空白区域会出现 and obj.assetName，然后将输入法改为半角模式，在 and obj.assetName 后输入='我的搅拌车'。单击"确认"按钮，返回单击"故障设备"选项框，发现没有任何设备，说明其中没有命名为"我的搅拌车"的设备。返回建模工具，在"表单模型"的"实体类表单管理"中找到设备表单(Asset)，找到英文名为 AssetMulti 的多对象表单。单击"编辑"按钮，进入多对象表单定制页面，之后单击"分享"命令进入多对象表单界面(见图 4-14)。单击"新增"按钮，在出现的弹框中，填写设备名称"我的搅拌车"，设备类型为"搅拌车"，单击"新增"按钮，关闭弹框。进入工单表单定制界面，单击"故障设备"选项框，这时就可以看到"我的搅拌车"的信息(见图 4-15)。至此，工单表单模型已全部完成，读者可以自己新建一个模型包来保存它。

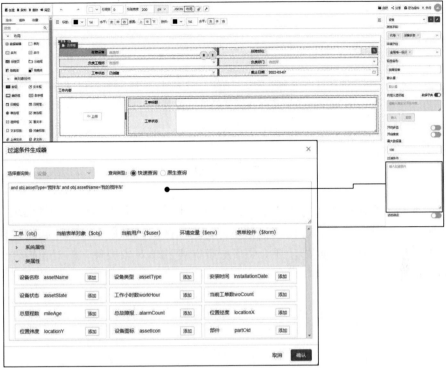

图 4-13　条件编辑器

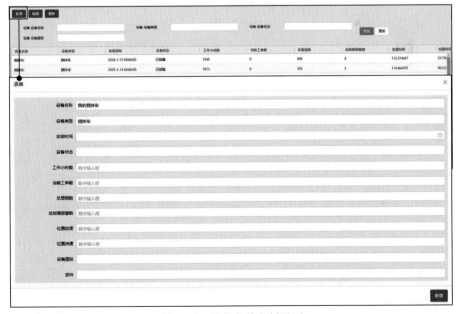

图 4-14　设备表单定制界面

图 4-15　故障设备过滤信息

4.4　小结

本章主要介绍了实体类表单、控件等基本概念，对表单建模工具也进行了阐述，包括工具条、控件区、画布区、选项区；同时用工单表单实例说明了表单模型的功能。此外，还介绍了控件区中的单对象控件、多对象控件、布局控件等。

第 5 章　表单模型(二)

第 4 章主要介绍的是工单的单对象建模，包括主外键引用。除了需要对单个搅拌车进行数据输入和查看，也需要对多个搅拌车进行批量查看，类似用 Excel 工作表去展示一样。不同之处在于，在使用表格展示搅拌车数据外，我们还希望将单个车辆的信息与表格联系起来，可以进行新增、删除、修改操作，进而形成一个完整的系统。

出于上述目的，本章主要讲述工单的多对象建模，介绍表格控件及操作列等的用法，以及增删改查功能。

5.1　表单工具

5.1.1　表格控件

表格控件是使用频率非常高的控件，主要有 3 个功能：列定制面板、操作列和事件。表格属性具有如下设置。

- 全表可排序：默认开启，支持排序。
- 可导出：默认开启，开启后表格右下角出现"导出 csv"按钮。
- 多选：默认关闭，开启后表格数据行出现勾选框。
- 拖曳列宽：默认开启，开启后可拖曳列宽。
- 全表只读：默认关闭。该设置项的优先级高于单独设置列可编辑(列定制面板处设置)。
- 操作列：默认关闭。开启后表头出现一列"操作列"，单击该表头右上角出现操作列设置面板即可设置列操作。
- 序号列：默认关闭，开启后表格出现序号列。
- 可拖曳：默认关闭。关闭时表格不可拖动，开启后方可拖动表格。
- 区域选择：默认关闭，开启后可以对表格数据进行区域选择(参考 Excel)。

- 状态栏：默认关闭。须配合区域选择一起使用，开启后，表格底部出现状态栏。当区域选择的列为数字类型时，将统计最大值、最小值、合计等；当选择为字符串时，会显示区域选择的行数。
- 紧凑模式：默认关闭。开启后，行与行之间的间距缩短，若设置有操作列，操作列样式会被去掉。
- 开启分页：默认开启。默认每页显示 25 条数据，可在建模端设置分页条数。
- 自适应列宽：默认关闭。开启后，根据列数自适应调整列宽。表格自适应列宽关闭后，默认设置列宽为 200 px。

5.1.2 单位

DWF 中的样式设置区提供如下 5 种单位。

- px：px 指的是 pixel(像素)，是相对长度单位，与分辨率的大小有关。而分辨率和屏幕大小有关，不同的屏幕大小分辨率不同。目前出现了自适应的响应式设计，来解决不同终端设备分辨率和大小的问题，一般会用到控件宽高(vw 和 vh)和文本字体大小(rem)两种设置。
- vw：vw 和 vh 是视口单位，这两个单位以当前设备可视区的宽高为基准动态计算当前元素的宽高，可以实现当前元素在不同宽高的可视区下以不同的 px 展现；换言之，就是根据浏览器窗口大小的单位进行自适应的响应式设计，不受设备分辨率的影响。vw 和 vh 是以百分比为单位，1vw =可视窗口宽度的 1%，例如窗口宽度大小是 1800 px，那么 1vw = 18 px。100vw=设备可视区的宽的 100%，100vh=设备可视区的高的 100%。
- vh：vh 为可视窗口的高度，用于解决以设备可视区的高为基准的 px 动态换算。如果设计的表单高度需要自适应各类显示屏幕高度的情况，一般会选择高度 vh 为 70~80。
- %：当处理宽度时，%单位更合适，元素的大小是由它的父元素决定的。
- rem：rem 是 CSS3 新增的相对长度单位，是指相对于根元素 html 的字体大小计算值的大小。在 DWF 中，1rem = 14 px，但不一样的是，rem 始终都是相对于 html 根元素的。使用 rem 后不会受到对象内文本字体尺寸的影响，而且只需要改变根元素就能改变所有的字体大小。

表 5-1 介绍了单位在宽、高和文本中的应用，"√"表示使用频率较高的单位选项。

表 5-1　工单表单单位介绍

单位	单位含义	宽度	高度	文本大小
px	绝对像素单位	√	√	√
vw	窗口宽度的百分比	√		
vh	窗口高度的百分比		√	
%	父控件宽度的百分比	√		
rem	以字体大小为单位	√	√	√

5.1.3　操作

操作是指对表单控件事件的各种处理，每个操作包含一个特定的行为，例如编辑、保存、删除等。操作有一个英文名和一个中文名，可以指定一个图标。操作可分为实体类操作和全局操作。

- 实体类操作：作用在实体类和实体类表单上的操作。DWF 系统中内置了 4 个基本的全局操作：新增、编辑、删除、刷新。
- 全局操作：作用 1 是在任何表单和模块都可以重复使用；作用 2 是为其他操作的脚本提供全局函数(将在脚本内容中介绍)。

在操作配置界面，还可以选择用弹框的方式或弹出页签的方式打开表单，包括弹框、页签、侧面滑入、浮窗等。当选择的操作为创建、编辑、浏览、列表时，DWF 会按照对应的方式打开一个表单，此时需要指定一个目标类和表单名称。具体的操作如下。

- 创建(create)：表示操作激活时，以创建状态打开某个实体类表单。
- 编辑(edit)：表示操作激活时，以编辑状态打开某个实体类表单。
- 浏览(visit)：表示操作激活时，以浏览状态打开某个实体类表单。
- 实现(implement)：表示操作激活时，调用一个程序实现其对应的功能，可以是前端脚本、后端脚本、插件、存储过程。
- 链接(url)：表示打开某个指定的网页，一般用于界面集成。

5.2　多对象建模

第 4 章介绍了单对象工单的表单内容，本章主要介绍多对象工单的表单内容。在表单模型中，单击"实体类表单管理"选项卡，找到工单 WorkOrder，单击"创建"按钮。在"创建表单"对话框的"PC 端"选项卡中，设置表单名(英文名)为 WorkOrderMulti，显示名(中文名)为"多对象工单"，单击"确认"按钮(见图 5-1)。

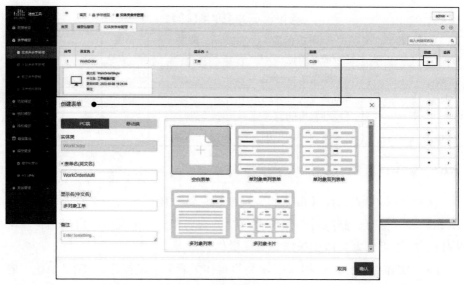

图 5-1　创建多对象工单

进入表单定制页面，从控件区拖曳一个多列和一个单列到画布区。单击单列，从控件区拖曳一个表格放入单列中。单击表格，右端选项区目标类默认为"工单"。单击"选择属性"按钮，在弹出的对话框中选择系统属性中的"代号"，类属性中的"工单标题""工单描述""工单状态""故障设备""故障部位""负责部门""负责工程师"和"截止日期"，单击"确认"按钮，如图 5-2 所示。

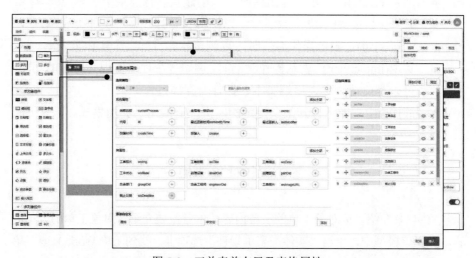

图 5-2　工单表单布局及表格属性

"选择属性"下面的各种选项都可以按需求点选，如操作列、可导出等选项。设置好之后，可以分享查看表格，如图 5-3 所示。

图 5-3　工单表单表格界面

表格设置完成后，可以在表格内设置主外键的引用类。单击表格内的"故障设备"，出现如图 5-4 所示的弹框。单击"基本配置"选项卡中的"引用设置"，选择引用类为"设备"，回填字段为"全局唯一标识"，浏览字段为"代号""设备名称"，过滤条件可以根据需求自己设置，然后单击"确定"按钮。同样，读者可在"故障部位""负责部门""负责工程师"中设置这种列定制面板主外键的引用。

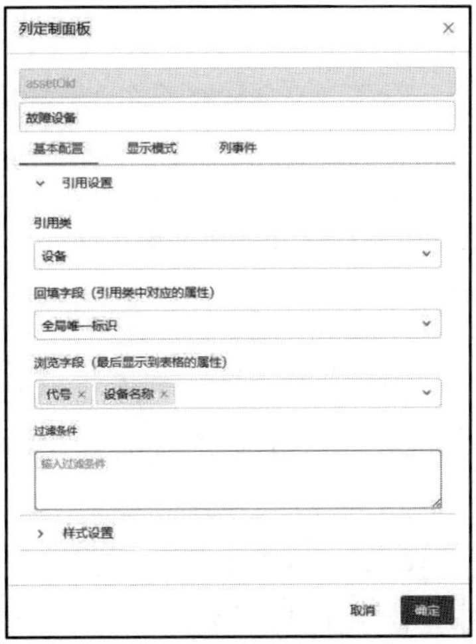

图 5-4　工单表格主外键引用

表格的高度可以在右端选项区的"样式"选项卡中设置,在"整体宽度"中可以修改合适的数字。单击"分享"按钮,可以看到不同高度的效果图。

在第一个多列控件中,从控件区拖曳 3 个按钮到左边框中。单击每个按钮,右端选项区的"事件"选项卡中都有单击事件和鼠标悬停事件。这里的 3 个按钮分别设置为具有新增、编辑和删除功能。对于第一个按钮,单击右端选项区的"单击事件"中时新增符号,出现"操作配置"弹框。设置显示名为"创建工单",选择目标类为"工单",表单名称为 WorkOrderSingle,单击"确认"按钮。这个弹框设置完成后,当用户单击"创建工单"按钮时,这个按钮的动作就是创建(create)一个工单,并且操作的样式是弹窗模式(dialog)。弹窗的数据是工单的数据,弹窗的表单名称是 WorkOrderSingle(见图 5-5)。

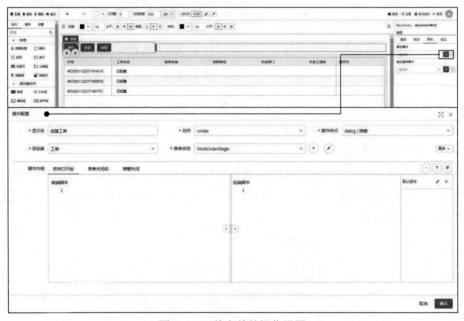

图 5-5 工单表单的操作设置

在"操作配置"弹窗中,有个"脚本内容"框,包括"表单打开前""表单关闭后""弹窗关闭" 3 个选项卡。这些都属于低代码的内容,后续的章节会详细介绍。本部分主要是无代码定制内容的介绍。同样,第二个按钮设置为"编辑工单"按钮。"编辑工单"和"创建工单"按钮的区别是在动作部分,前者选择 edit,后者选择 create。第三个按钮设置为"删除"按钮,在右端选项区的"事件"选项卡中,直接选择"删除",在样式中选择按钮样式为"红色"。单击"分享"按钮,带按钮的工单表单效果如图 5-6 所示。

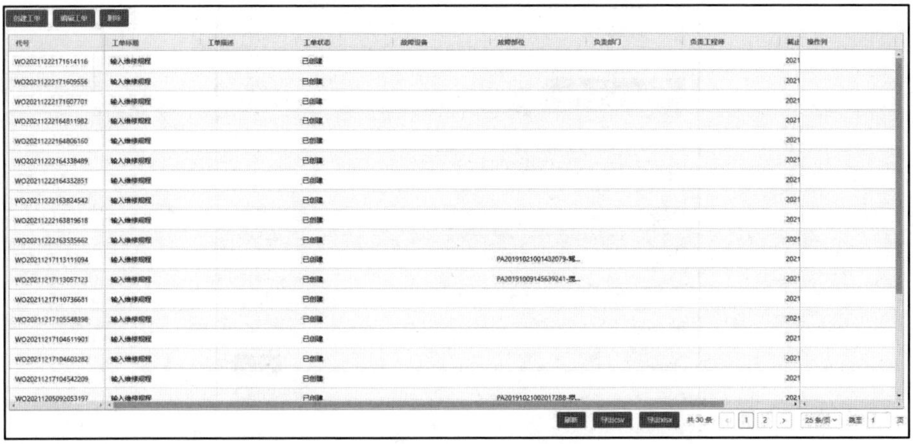

图 5-6　工单表单按钮效果图

在工单表单界面中，读者可以单击"创建工单"按钮，新增一个表单，或者单击"编辑工单"按钮，修改具体内容，也可以尝试删除功能。单击工单表单的"创建工单""编辑工单""删除"按钮，在画布区右端选项区"选择绑定的多对象控件"的下拉菜单中选择 Grid1，可以实现自动刷新的功能，读者可以自己尝试。表格控件中还可以设置事件，方法为单击表格，在事件的双击事件中选择"编辑工单"，这样在带入数据后的网页中双击表格中的工单就可以直接编辑。

在工单表单的表格设置中，高度可以设置为绝对高度 px，也可以设置为相对高度 vh。例如设置为 80 vh，那么整体窗口中，表格高度随着窗口的大小改变而改变，始终占据 80%的高度。如果设置为 800 px，那么整体高度不会随着窗口的改变而改变，始终是 800 px 的高度。读者还可以设置操作列的属性。单击操作列，出现"操作列设置面板"弹框，单击新增符号，新增两个按钮。单击第一个按钮，选择绑定操作为"编辑表单"；单击第二个按钮，选择绑定操作为"删除"，按钮样式为"红色"(见图 5-7)。单击"分享"按钮，可以看见工单表单的操作列中出现了"编辑表单"和"删除"两个按钮。至此，工单表单模型已全部完成，读者可以自己新建一个模型包来保存它。

图 5-7 操作列的设置

5.3 小结

本章主要介绍了工单表单的一些相关内容，例如，单对象控件的文本框、日期框、数字框、选择框、附件，多对象控件的表格控件(操作列)。本章还对布局控件进行了介绍，并且对表单的功能(包括创建、编辑、删除等)进行了说明。

第 6 章　表单模型(三)

在第 4 章和第 5 章中，主要讲解的是 PC 端的工单表单的单对象、多对象表格编辑控件，以及布局、操作列等。如果用户还希望能够用自己的智能手机查看设备列表和具体单个设备数据，该怎么实现呢？

本章将介绍移动端的表单建模方法，主要讲解查看设备和查看工单两个功能。其中建立设备查看表单包括建立设备列表和查看设备详情两部分内容，建立工单查看表单包括编辑工单详情这部分内容。

6.1　建立设备查看表单

6.1.1　建立设备列表

建立设备列表有两种方法：方法 1 是直接在表单模型管理界面中新增移动端表单，方法 2 是直接在创建时新增移动端表单。

本节主要介绍方法 2。在"功能模型"中，单击"设备手机端"，再单击"添加标签"按钮，出现"操作配置"弹框。设置显示名为"设备"，选择目标类为"设备"，选择系统图标，在下拉列表中选择 balance-list-o，单击新增表单符号，进入"创建表单"弹框(见图 6-1)。填写表单名为 assetMobile，显示名为"手机浏览搅拌车"，单击"确认"按钮，返回操作配置页面。单击"编辑"按钮，进入移动端表单定制页面。

移动端的表单定制页面与 PC 端的表单定制页面比较类似，也是控件区、画布区、选项区。区别是控件区提供的控件与 PC 端略有区别，是按照手机的特点提供的；画布区提供的是手机的外形；选项区与 PC 端基本一致。

在表单定制页面中，从控件区拖曳轮播控件到相应位置。在画布区中单击轮播控件，在选项区中修改轮播项 1、2、3、4 为"图片库"。单击图片库下的空白格，出现"图片管理器"弹框。单击"上传"按钮，从本地图库中选择 4 个搅拌车图片进行上传。选中第一个搅拌车图片，单击轮播项 1 的图片库下的空白格；选中第二、三、四个搅拌车图片，单击轮播项 2、3、4 的图片库下的空白格，单击"确认"按钮，如图 6-2 所示。读者也可以根据需要新增不同类型的表单并进行定制。

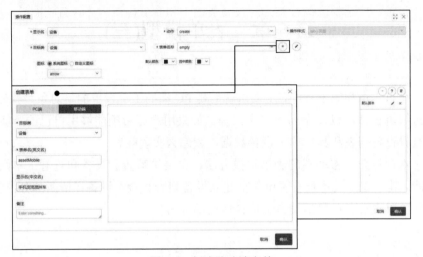

图 6-1　创建移动端表单

图 6-2　轮播控件的使用

然后，从控件区拖曳卡片控件到相应位置。在画布区中单击商品卡片(见图 6-3)，在选项区中选择目标类为"设备"，商品标题为"代号"，商品描述为"设备名称"，商品图片为"设备图标"，商品价格为"工作小时数"；设置货币符号为"开工小时:"，选择商品数量为"总故障报警数"，设置数量符号为"报警:"，选择商品标签为"设备类型"和商品标识为"设备状态"，单击"刷新卡片"按钮。单击"样式"选项卡，整体高度修改为 80 vh。这样移动端的一个简单表单就完成定制了。

图 6-3　商品卡片的使用

保存表单后，单击"分享"按钮。如图 6-4 所示，在弹框中单击"前往预览"按钮。按 F12 键，可以看见移动端的设备列表图(见图 6-5)。读者也可以使用手机微信的扫码功能在分享的弹框中扫描二维码，这样在自己的手机中也能看到相应的移动端页面。

图 6-4　分享设备列表

图 6-5 移动端设备列表

6.1.2 查看设备详情

查看设备详情指的是查看 6.1.1 节建立的商品卡片中的设备详情。单击商品卡片,在选项区的"事件"选择卡中新增单击事件,在出现的弹框中设置显示名为"显示手机详情页",选择动作为 visit,操作样式为"tab|页签",目标类为"设备"。单击新增表单名称,出现创建表单的弹框,如图 6-6 所示。在创建表单页面中,设置表单名(英文名)为 assetMobileSingle,显示名(中文名)为"搅拌车手机详情",单击"确认"按钮。编辑新增表单,进入表单定制页面。

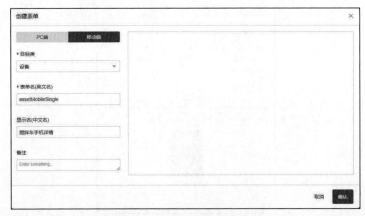

图 6-6 创建设备详情表单

如图 6-7 所示，在表单定制页面中，从控件区拖曳多列到手机画布区中。拖曳"上传文件"控件到多列的第一个框中，选项区中选择目标属性为"设备图标"，显示方式为"图片"，设置对齐方式为"居中"。拖曳文本标签到多列的第二个框中，选项区中选择目标属性为"代号"，删除标签名称中的文字，以节省手机屏幕空间。

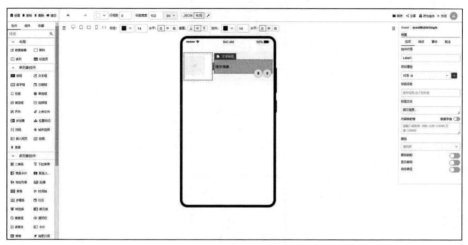

图 6-7　设备详情多列属性

然后，从控件区拖曳多列到手机画布区中，再分别拖曳两个动态数字框到多列中。单击第一个动态数字框，选项区中选择"工作小时数"，将单位设置为"小时"，选择开启动效。单击第二个动态数字框，选项区中选择"总里程数"，将单位设置为"公里"，选择开启动效。

从控件区拖曳百度地图到手机画布区中，如图 6-8 所示，删除标签名称中的文字。在选项区中选择经度为"位置经度"，纬度为"位置纬度"，图标为"设备图标"。单击"过滤条件"，然后单击全局唯一标识 Oid 以及当前的全局唯一标识 Oid，即 and obj.oid = '$obj.oid'，如图 6-9 所示。样式设置为 200 px。

拖曳卡片控件到手机画布区中，选项区中选择目标类为"工单"，商品标题为"代号"，商品描述为"工单标题"，商品图片为"工单照片"，商品标签为"工单状态"，单击"刷新卡片"按钮。单击"过滤条件"，然后单击工单的故障设备 assetOid 以及当前的全局唯一标识 Oid，即 and obj.assetOid = '$obj.oid'。

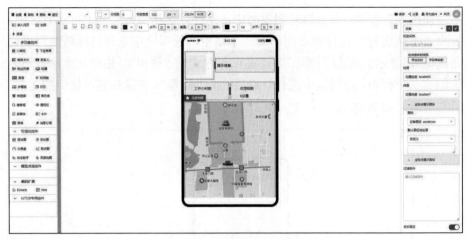

图 6-8　百度地图控件设置

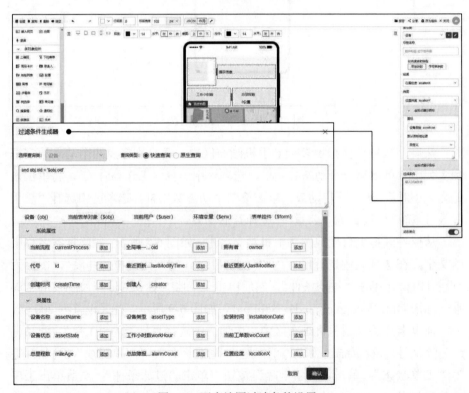

图 6-9　百度地图过滤条件设置

保存表单后，调整工具条的字体为 30。单击"分享"按钮，将出现可用手机扫描预览的二维图。读者用自己的手机扫描，可以看到相应的移动端页面，如图 6-10 所示。

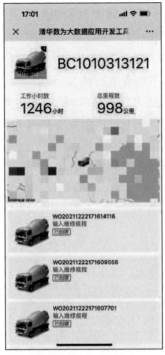

图 6-10 手机扫码图

6.2 建立工单查看表单

工单查看表单的建立方法是在设备详情中，单击顶部的文本标签，在选项区的"事件"选项卡中新增单击事件，填写显示名为"手机工单详情"，选择动作为 edit，操作样式为"tab|页签"，目标类为"工单"。单击新增表单名称，开始创建表单。在弹出的框中，设置表单名为 workOrderMobileSingle，显示名(中文名)为"手机工单详情"，单击"确认"按钮(见图 6-11)。编辑新增表单，进入表单定制页面。

在表单定制页面中，从控件区拖曳标签到手机画布区中。如图 6-12 所示，在选项区中将样式的标签文本大小和内容文本大小都设置为 30，选择目标属性为"代号"。从控件区拖曳选择框到手机画布区中，选择目标属性为"故障设备"，开启数据字典，选择引用类为"设备"，浏览字段为"代号""设备名称"，回填字段为"全局唯一标识"，单击"保存"按钮。然后从控件区分别拖曳两个文本框到手机画布区中，第一个文本框选择目标属性为"工单标题"，第二个文本框选择目标属性为"工单描述"，占位文本为 textarea，单击"保存"按钮。从控件区拖曳一个选择框到手机画布区中,选择目标属性为"工单状态",设置自定义选项组为"已创建""已下达""执行中""已关闭",单击"确认"按钮,再单击"保存"按钮。从控件区拖曳一个选择框到手机画布区中,选择目标属性为"负责工程师",开启数据字典,选择引用类为"用户",浏览字段为"用户名""显示名",回填字段为"全局唯一标识",单击"保存"按钮。从控件区拖曳一个日期框到手机画布区中,选择目标属性为"截止日期",单击"保存"按钮。从控件区拖曳一个上传文件框到手机画布区中,选择目标属性为"工单照片",显示方式为"图片",单击"保存"按钮。

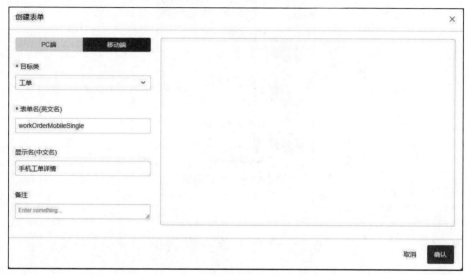

图 6-11　创建手机工单详情表单

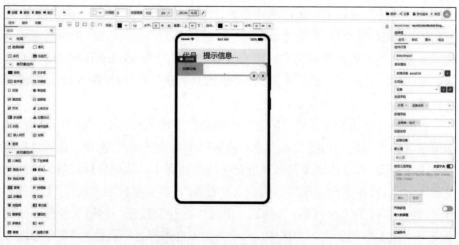

图 6-12　手机工单标签属性

从控件区拖曳一个多列框到手机画布区中，分别拖曳两个按钮到多列框中(如图 6-13 所示)。分别单击两个按钮，在选项区的"样式"选项卡中，选择水平对齐方式为"居中"。单击"圆角"，宽度设置为 100 px。单击第一个按钮，在选项区中选择单击事件"编辑"。单击第二个按钮，在选项区中新增单击事件，设置显示名为"回到设备"，选择动作为 visit，操作样式为"tab|页签"，目标类为"设备"，表单名称为 assetMobile，单击"确认"按钮。

图 6-13 手机工单多列功能设置

在表单定制页面中，单击"分享"按钮，将出现可用手机扫描预览的二维图。读者用自己的手机扫描，可以看到相应的移动端页面，如图 6-14 所示。

图 6-14 移动端工单定制效果

6.3 手机端显示设备工单详情

通过创建设备、工单详情，读者可以看见不同的手机表单。本节通过在功能模型中移动端的设置，让读者可以在手机中自由跳转，看不同的设备、工单页面。

在"功能模型"中，单击"设备手机端"，在弹出的页面中单击"添加标签"按钮，填写显示名为"工单"，选择动作为 visit，目标类为"工单"。单击新增表单名称，弹出"创建表单"对话框(如图 6-15 所示)，设置表单名为 workOrderListMobile，显示名为"工单列表"，单击"确认"按钮，进入移动端表单定制页面。从控件区拖曳卡片到手机画布区中，修改选项区样式整体高度为 100 vh，选择目标类为"工单"，商品标题为"代号"，商品描述为"工单标题"，商品图片为"工单照片"，商品标签为"工单状态"，单击"刷新卡片"按钮(见图 6-16)。工单的表单定制完成后，可以跳转到工单详情中，具体的方法是在工单的选项区新增单击事件，设置显示名为"查看详情"，选择动作为 visit，操作样式为"tab|页签"，目标类为"工单"，表单名称为 workOrderMobileSingle，单击"保存"按钮。

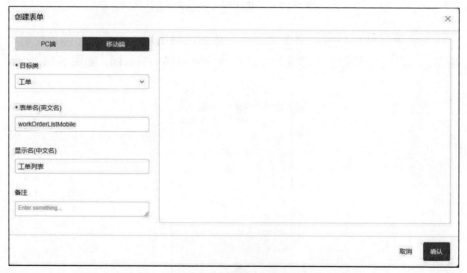

图 6-15　创建工单列表

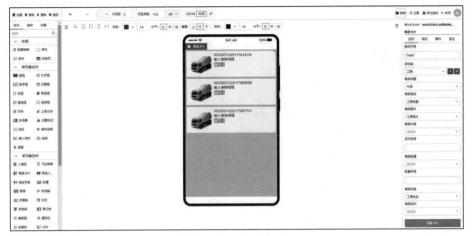

图 6-16　工单列表表单

在"功能模型"中,单击"设备手机端",将设备设为默认,并移动到工单上面,单击"保存设置"按钮。单击"扫码体验"按钮,将出现可用手机扫描预览的二维图。读者用自己的手机扫描,可以看到相应的移动端页面,如图 6-17 所示。

图 6-17　移动端二维码

在手机页面中,单击第一张图下面的设备列表,出现第二张页面。在第二张页面中单击下面的工单列表,出现第三张页面。在第三张页面中单击工单详情,出现第四张页面。在第四张页面中单击右下角的"回到设备"按钮,又回到第一张页面。如此反复,移动端的表单定制功能在无代码的环境下被定制出来,如图 6-18 所示。至此,手机工单表单模型全部完成,读者可以自己新建一个模型包保存。

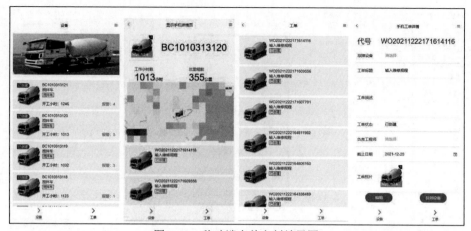

图 6-18　移动端表单定制效果图

6.4　小结

本章主要介绍了移动端表单模型定制的基本概念，对移动端表单定制的功能实现进行了详细介绍，以设备浏览、工单浏览为例对卡片、轮播控件进行了应用。通过建立设备详情、工单详情，介绍了标签、文本、选择框、地图等控件的功能。后续如果有更复杂的应用，我们也可以用同样的方法进行定制。

第 7 章 表单模型(四)

第 6 章主要介绍了移动端的表单建模,并且创建了一个简单的App,以工单管理和设备管理为主要对象,介绍了商品卡片、轮播图等控件具有的功能。本章继续研究 PC 端表单定制,进一步对设备进行管理,主要是采用可视化控件,用看板、卡片的方式来显示设备信息,包括设备地图、设备看板和设备卡片三部分内容。

7.1 设备地图

在 DWF 建模工具中,打开"功能模型"中的"应用管理",单击"PC 端应用"中的"设备管理"。首先新建一个设备地图的表单,单击"绑定表单"按钮,弹出"创建表单"框图。设置菜单名为"设备地图",选择分组为"设备管理",修改动作为 visit,目标类为"设备"。单击"新增表单",出现弹框,设置表单名为 AssetListMap,显示名为"设备地图",单击"确认"按钮(如图 7-1 所示),进入设备地图的表单定制页面。

在表单定制页面中,拖曳可视化控件中的百度地图到画布区中,选择目标类为"设备",经度为"位置经度",纬度为"位置纬度",图标为"设备图标",修改样式中整体高度为 80 vh,地图区高度为 700 px,单击"保存"按钮,如图 7-2 所示。返回"设备管理"的应用界面,单击 login,输入账号和密码,进入设备地图的界面中。用户可以在 PC 端页面看见如图 7-3 所示的设备地图,并且搅拌车的图标已经显示在地图中相应的位置。

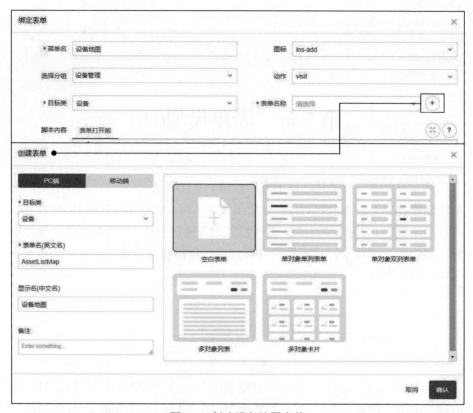

图 7-1　创建设备地图表单

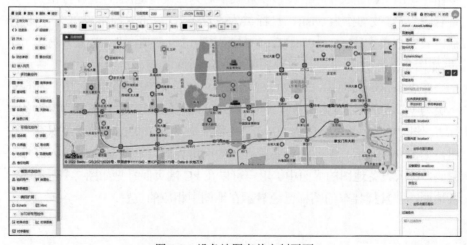

图 7-2　设备地图表单定制页面

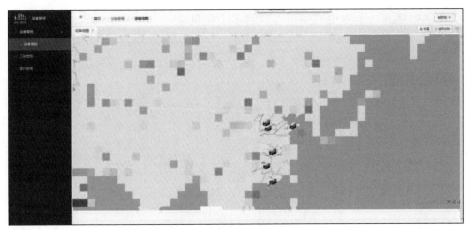

图 7-3　搅拌车设备地图页面

7.2　设备看板

　　重新进入设备地图的表单定制页面，单击设备管理中的"设备地图"，在设备地图中单击"编辑"按钮，进入表单定制页面。单击属性区的事件，在获得焦点的事件中单击"新增"按钮，弹出操作配置的框图。设置显示名为"显示设备看板"，选择动作为 visit，操作样式为"页签"，目标类为"设备"。在表单名称中单击"新增"按钮，出现弹框。设置表单名为 assetDashboard，显示名为"设备看板"，单击"确认"按钮，如图 7-4 所示。然后返回操作配置的弹框，单击"表单名称"的"编辑"按钮，进入设备看板的表单定制页面。

　　设备看板主要通过拖曳池和拖曳块这两个控件来实现。拖曳池有两个功能：一是密竖排，就是指对放入拖曳池中的拖曳块来说，当位置发生移动时，拖曳池的下边缘会紧贴着最下方的拖曳块，从而保证拖曳池不会出现空白区域；二是可拖曳，关闭可拖曳功能，拖曳池将不能从画布区域中拖动移除，仅能通过工具条处的"删除"按钮移除。拖曳块主要有 4 个功能：一是可伸缩，拖曳块右下角有一个折角，用鼠标单击该区域可以调整拖曳块的大小，且在应用端也可以调整拖曳块的大小。当关闭可伸缩功能后，拖曳块右下角的折角会消失。拖曳块在建模端和应用端只能移动位置，不能改变大小。二是冻结，默认为非冻结状态。如果希望拖曳块不能移动，可以开启冻结功能。三是带标题，默认设置为不带标题。开启标题后，可以设置拖曳块的标签，效果类似于分组框；四是适应内容，默认设置为不适应内容。可以通过手动调整以适应拖曳块内的控件，也可以开启适应内容功能，自动适应拖曳块内的控件布局。一个拖曳池中可以放置多个拖曳块。

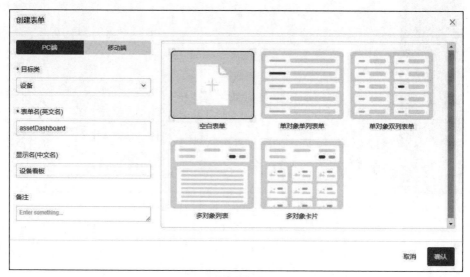

图 7-4　创建设备看板表单

在表单定制页面中，先将拖曳池放到画布区中，然后放置 4 个拖曳块到拖曳池中。单击拖曳池的密竖排功能，就可以把 4 个拖曳块都吸顶，即拖曳块的顶部与拖曳池上部紧贴。将 4 个拖曳块的标题、可伸缩功能都去掉，单击"冻结"选项以固定 4 个拖曳块的位置，如图 7-5 所示。将第五个拖曳块放入拖曳池中，位置在 4 个拖曳块之下，以便放置地图，并将属性区中的标题内容修改为"位置"。将第六个拖曳块放入位置右端，标题内容修改为"照片"，并将"上传文件"控件放入标题为"照片"的拖曳块中，新增目标属性为"设备照片"。图 7-6 中所示的方法是单击"新增目标属性"符号，然后在弹出的"新增属性"弹框中，设置属性名称为 assetImg，显示名称为"设备照片"，选择数据类型为 LocalFile，单击"确认"按钮。删除标签名称，修改整体高度为 150 px。将第七个拖曳块放入右下角，将可视化控件混合图放入其中，单击混合图，修改属性区整体高度为 150 px。混合图空格与表格类似，用来显示搅拌车设备的相关数据。在属性区中选择目标类为"设备"，单击图表系列配置中的"添加系列"，出现一个名为 bar 的工具。继续单击 bar，出现一个"设置系列"的弹框，如图 7-7 所示。在该弹框中，修改类型为 line，Y 轴位置放在左边，单击 left 单选按钮。选择 X 轴为"代号"，修改 X 轴标签角度为 90，选择 Y 轴为"工作小时数"，在悬停提示内容中选择"总里程数"，单击"确认"按钮。

将可视化控件中的 4 个动态数字框放入前四个拖曳块中，修改工具条中的标签位置,将水平修改为"左",垂直修改为"中",控件水平修改为"中",字号修改为 35。然后对 4 个动态数字框进行属性绑定:第一个动态数字框选择目标属性为"工作小时数",单位设置为"小时";第二个动态数字框选择目标属性为"当前工单数",单位设置为"个";第三个动态数字框选择目标属性为"总里程数",单位设置为"公里";第四个动态数字框选择目标属性为"总故障报警数",单位设置为"次"。

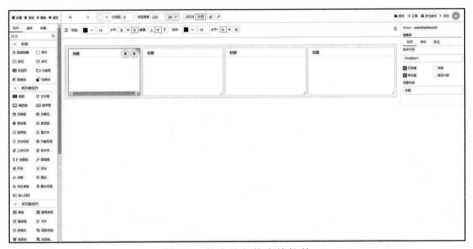

图 7-5　拖曳池与拖曳块控件

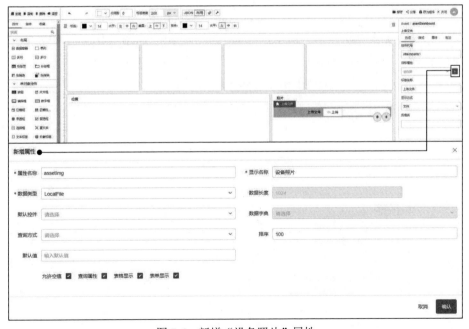

图 7-6　新增"设备照片"属性

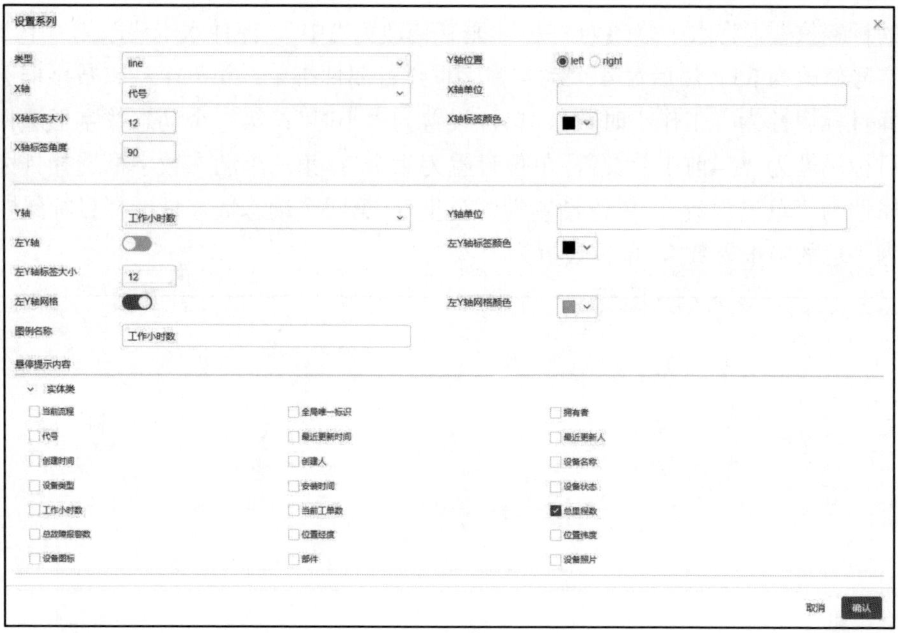

图 7-7 混合图控件设置

动态数字框设置完成后，单击图 7-8 所示的百度地图控件，在属性区直接打开过滤条件，便会出现"过滤条件生成器"弹框。在"当前表单对象"的"系统属性"中单击"全局唯一标识 oid"，然后找到当前表单对象的系统属性，在过滤条件空白框中会出现 and obj.oid = '\$obj.oid'这条查询语句并单击"确认"按钮，如图 7-9 所示。单击"分享"按钮，出现如图 7-10 所示的表单页面。读者可以从功能模型中的"设备管理"进入新的网页，然后单击"设备地图"，在页面中单击搅拌车图标即可进入设备看板的 PC 端页面。

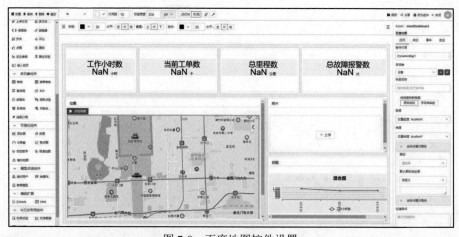

图 7-8 百度地图控件设置

图 7-9　百度地图控件条件过滤设置

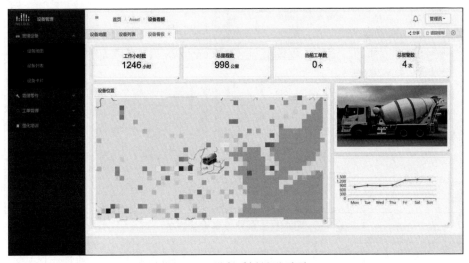

图 7-10　设备看板显示页面

7.3　设备卡片

在设备管理中新建一个表单,单击"绑定表单",填写菜单名为"设备卡片",选择分组"设备管理",修改动作为 visit,选择目标类"设备",新增表单名称。在"创建表单"弹框中,填写表单名为 assetCards,显示名为"设备卡片",单击"确认"按钮。返回"绑定表单"的弹框,继续单击"确认"按钮。在 PC 端应用中,找到"设备管理"分组下的"设备卡片"菜单,单击"编辑"按钮。在完成编辑操作后,继续在 assetCards 表单中单击"编辑"按钮,进入如图 7-11 所示的设备卡片的表单定制页面。

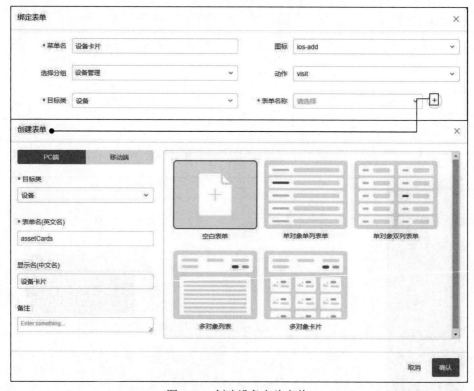

图 7-11　创建设备卡片表单

在设备卡片的表单定制页面中,从多对象控件区拖曳卡片到画布区中。单击该卡片,读者可以看见属性区中有"选择表单"的设置。其中的表单是可以设置卡片的模板,只需要设置卡片一次,后续的很多表单都可以复制这种模式。单击属性区的"多对象展示",之后,读者可以在卡片上重复使用设置的表单。单击"选择表单"的"新增"按钮,在出现的"创建表单"弹框中，设置表单名为 assetCardTemplate，显示名为"设备卡片模板"，如图 7-12 所示。单击"确认"按钮，进入卡片模板的表单定制页面。

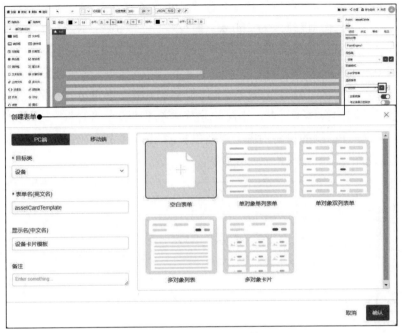

图 7-12　创建设备卡片模板

在卡片模板的表单定制页面中，拖曳多列控件到画布区，在多列的第一个列中，将上传文件控件拖曳进去。单击"上传文件"，在右端属性区中选择目标属性为"设备照片"，删除标签名称，对齐方式选择居中，样式的高度设置为 200 px。拖曳多行控件到多列的第二个列表中，单击"多行控件"，在右端属性区中将默认行数修改为 4。从单对象控件区中拖曳 4 个文本标签控件分别放到 4 个多行控件中，以方便进行设置。对于第一个文本标签控件，选择目标属性为"代号"；对于第二个文本标签控件，选择目标属性为"设备名称"；对于第三个文本标签控件，选择目标属性为"设备类型"；对于第四个文本标签控件，选择目标属性为"设备状态"，如图 7-13 所示，单击"保存"按钮。

回到设备卡片的表单定制页面中，会发现设备卡片的画布区设置已经和设备卡片模板的表单联系在一起。单击该卡片，在右端属性区中修改样式的整体高度为 80 vh，单元大小的设置修改为宽度 50%，单击"保存"按钮，退出表单定制页面。从"设备管理"的 login 中输入用户名、密码进入网页，单击"设备卡片"，会发现卡片的信息都已显示出来。单击设备列表中的"新增"按钮，弹出表单框图，单击"返回定制"按钮，进入新增表单的定制页面对设备列表进行修改。如图 7-14 所示，在新增表单的定制页面中，拖曳多列控件到设备名称的上方，将上传文件拖到多列的第一个列表中。单击"上传文件"控件，在右端属性区中选择目标属性为"设备照片"，修改显示方式为"图片"，样式中整体高度修改为 200px。拖曳多行控件到多列控件的第二个列表中，将设备名称、设备类型、安装时间、设备状态及工作小时数分别挪到多行控件中，然后将空余出来的单列控件删除，接着返回设备列表页面。选择一辆搅拌车，单击"编辑"按钮，上传搅拌车的照片并放入设备照片控件中。依次替换不同的搅拌车，上传不同的照片。单击"设备卡片"，效果如图 7-15 所示。至此，PC 端的设备地图、设备看板及设备卡片表单模型已全部完成，读者可以自己新建一个模型包来保存它们。

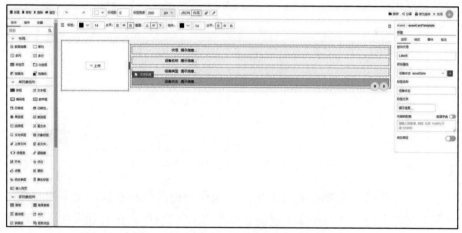

图 7-13　设备卡片模板表单定制页面

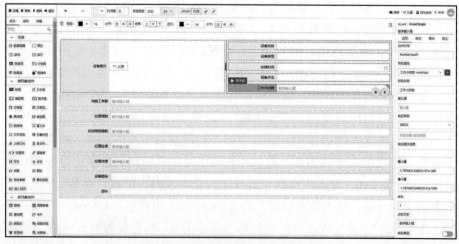

图 7-14　设备列表新增表单定制页面

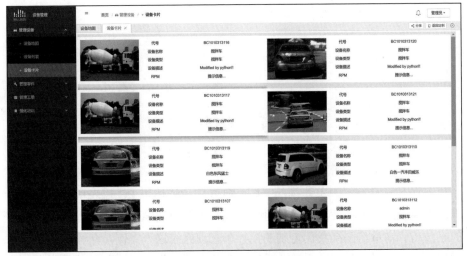

图 7-15　设备卡片效果图

7.4　小结

本章主要介绍了多对象控件中的百度地图、卡片，单对象的设备看板控件，以及布局控件具有的拖曳池、拖曳块等功能，简单介绍了可视化控件的动态参数、混合图控件等，实现了对设备地图、设备看板、设备卡片等表单模型的设置。

第 8 章 组织模型

前面几章介绍了表单建模的一些基础知识，详述了 PC 端表单建模、移动端表单建模用到的控件，包括单对象建模、多对象建模，以及一些可视化控件的小技巧。本章将围绕我们定制的搅拌车管理系统这一案例，介绍 DWF 提供的用户和用户组织的定制方法。通过本章的介绍，将为搅拌车管理系统建立仓库管理员、维修工程师和项目经理 3 个用户组，并且为这 3 个用户组分配用户。

8.1 组织架构

通常情况下，企业一定要有组织架构和管理制度才能正常高效运转起来。组织架构会影响到企业的运营效率，企业会根据发展的需要，经常进行组织架构的调整。如果组织架构管理得好，就可以形成整体力量的汇聚和放大效应。DWF 组织模型可以实现这样一个复杂组织架构的建模，图 8-1 所示的是一个网络内容运营公司的组织架构图。

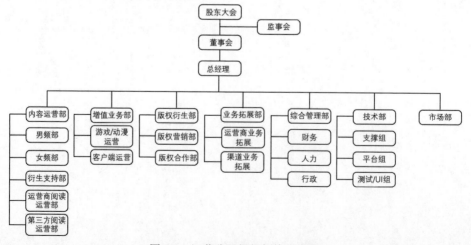

图 8-1 运营公司组织架构示意图

可以利用 DWF 中用户和用户组的概念来理解这个组织架构图，这里主要介绍用户、用户组的概念，以及用户管理、用户组管理、在线用户管理等基本功能。

8.2 基本概念

8.2.1 用户

用户是 DWF 中的一个角色代号，其属性有英文用户名、中文显示名、密码、邮箱、所属用户组、描述。终端用户通过用户名和密码在 DWF 的应用前端访问系统。

8.2.2 用户组

用户组是对用户的分组，是一些用户的集合。一个用户组可包含多个用户，也可包含其他用户组，从而形成组织层次结构。用户组和用户是功能授权的主要对象。

8.2.3 用户组的建立

可以建立代表了角色的组织架构，如企业的组织架构，也可建立代表了组织架构的组织架构树。

8.3 基本功能

组织模型的基本功能如下。
- 组织模型包括用户管理、用户组管理、在线用户管理 3 个功能。
- 通过用户管理、用户组管理功能可以创建、编辑、删除、查看用户和用户组，并能处理二者之间的关系。例如，将用户加入或者移出用户组等。
- 通过在线用户管理功能可以查看当前系统 app-web 端的用户登录情况，并且系统管理员可以强制用户下线。

8.3.1 用户管理

用户管理功能仅对 admin 用户开放，普通用户只读或无权访问。用户管理功能如下。

- 维护终端用户信息、角色。
- 管理员(admin)：特殊用户，具有最高权限，可以访问系统所有资源。
- 普通用户：默认无权限，需要根据实际业务情况由管理员为普通用户赋予权限。

8.3.2 用户组管理

可以按照组织架构或者角色分类对用户进行分组和定义。用户组管理功能如下。

- 梳理组织架构，方便管理具有特定职能或分类的一些用户。
- 用户组：可在用户组中添加用户，也可添加子用户组。

8.3.3 在线用户管理

在线用户管理是系统管理员使用的工具，其功能如下。

- 查看线上用户的登录信息。
- 管理员可以强制用户下线。

8.4 建模过程

在 DWF 建模工具中，打开"组织模型"中的"用户管理"功能，单击"新增"按钮，在出现的新增用户弹框中，设置用户名为 zs，显示名为"张三"，密码为 123456，确认密码为 123456，E-mail 为 ab@bc.com，单击"确认"按钮，如图 8-2 所示。使用同样的方法建立李四、王五两个用户。

打开"组织模型"中的"用户组管理"功能，单击"新增顶层用户组"按钮，在出现的"添加用户组信息"的弹框中，设置用户组名为"维修工程师"，用户组显示名为"维修工程师"，单击"确认"按钮，如图 8-3 所示。使用同样的方法建立仓库管理员、项目经理两个用户组。

图 8-2　新增用户

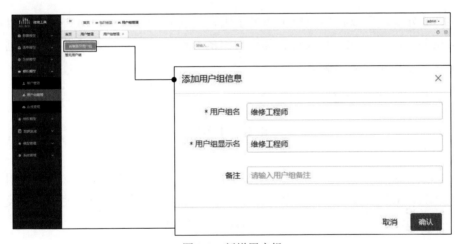

图 8-3　新增用户组

将用户添加到用户组中,从而建立用户和用户组之间的关系。在"组织模型"的"用户组管理"功能中,单击仓库管理员的"查看"按钮,右端会出现仓库管理员的所属用户。单击"添加用户到当前组"按钮,出现"添加新用户"弹框,读者可以在其中创建新用户并将其添加到用户组,也可以选择已有用户并将其添加到用户组中。这里以选择已有用户并添加到用户组为例,在"选择已有用户并添加"栏下,选择用户名"张三",单击"确认"按钮。使用同样的方法,选择用户"李四"添加到用户组"仓库管理员"中,选择用户"王五"添加到用户组"项目经理"中(见图 8-4)。

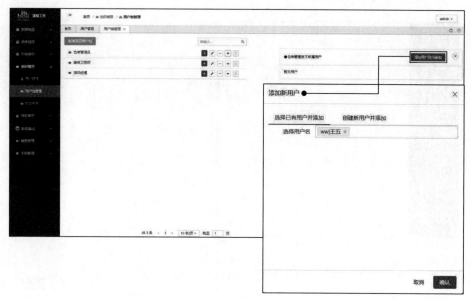

图 8-4　在用户组中添加用户

此外，还可以在用户组中添加子组，也就是创建子用户组，读者可以尝试并体验。至此，有关用户和用户组的介绍已基本完成，读者可以自己新建一个模型包来保存它们。

8.5　小结

本章从一个网络企业的组织架构引出用户和用户组的基本概念，以及用户管理、用户组管理、在线用户管理等基本功能。最后用实例说明了用户及用户组的建立方法，以及将用户添加到用户组的方法。

第9章 授权模型

在组织模型明确后,接下来需要限制不同角色用户的权限。对于搅拌车管理系统这个应用而言,项目经理、维修工程师和仓库管理员可以使用的功能和看到的数据应该是各不相同的。为此,DWF 提供了基于组织和用户对应用功能授权的方法。利用这种授权模型可以最小粒度地控制对数据层面的访问权。

9.1 基本功能

授权模型的主要功能如下。
- 基于功能授权:基于功能树实现对用户组的快速授权,通常用于由于增加了新的功能模块,需要对组织进行快速授权的情况。
- 基于组织授权:基于组织和用户实现对应用通道和功能树的授权,其目标和基于功能授权一致,只是界面的操作以组织为主而已。
- 数据访问授权:基于组织和用户实现对类和属性的授权。数据访问授权还提供了批量授权模式,可对用户和用户组进行类和类属性的批量授权,从而大大提高了授权的效率。

DWF 授权模型具有如下特点。
- 快速授权控制顶层功能访问。
- 访问控制防止数据异常泄露。
- 支持统一认证服务集成。

本章主要介绍功能授权、数据访问授权两个层次。

9.1.1 功能授权

基于功能实现对组织的授权,通常用于由于新增了功能实现而需要对组织进行授权的情况。基于功能的授权和基于组织的授权其本质都是基于组织对功能进行授权。功能授权采用白名单机制，权限粒度为模块及模块操作，即默认普通用户没有查看和操作应用及其功能(模块及模块操作)的权限，需要管理员根据实际业务添加用户(组)对具体应用的访问权限。

9.1.2 数据访问授权

数据访问授权基于组织和用户实现对类和属性进行授权，提供了批量授权模式，可对用户和用户组进行类和类属性的批量授权，从而大大提高了授权的效率。对象授权属于数据访问授权范畴，是实现基于规则的数据对象授权方式；操作授权也属于数据访问授权范畴，指的是对表单中的操作进行授权。

9.2 基于功能授权

在 DWF 环境中，定制的菜单、应用在基于功能授权中是可见的，本节主要介绍如何给用户赋予相应的权限。例如在设备的手机端，单击"新增"按钮，出现"添加规则"弹框，如图 9-1 所示，设置"选择用户(组)"为"项目经理"。继续单击"新增"按钮添加规则弹框，依次设置"选择用户(组)"为"维修工程师""仓库管理员"。这样一来，维修工程师、仓库管理员和项目经理都可以查看设备的移动端。

图 9-1 添加授权用户组

单击设备手机端的下拉菜单，在出现的底部模块和顶部模块中分别新增用户权限，然后分别设置"选择用户(组)"为"项目经理"和"维修工程师"，这样项目经理和维修工程师就可以查看底部模块和顶部模块。继续单击底部模块的下拉菜单，出现设备列表、工单。单击设备列表的"新增"按钮，设置"选择用户(组)"为"维修工程师"。单击工单的"新增"按钮，设置"选择用户(组)"为"项目经理"。此时维修工程师只能看见设备，而项目经理只能看见工单。

从"功能模型"中打开设备手机端，单击 login 按钮，出现新的网址。复制网址并在新的浏览器页面中打开，输入用户名 ls，密码 123456，这是用户名为李四的账号及密码。输入账号及密码后，所出现的页面中只有设备列表。如图 9-2 所示。由于李四属于维修工程师对应的用户组，因此其有查看设备列表的权限，而没有查看工单的权限。

图 9-2　查看设备列表权限

同样，可以用张三的账号及密码登录。之前设置张三这个用户是属于项目经理这个用户组的，因而张三有权限查看工单的信息，而没有权限查看设备列表的信息。退出李四用于查看设备列表的信息页面，重新输入用户名 zs，密码 123456，可以看见显示的手机端页面只有工单的信息，而没有设备列表的信息，如图 9-3 所示。

PC 端的"设备管理"可以用同样的方法给用户授权，单击"设备管理"

的"新增"按钮,在出现的"添加规则"弹框中,设置"选择用户(组)"为"仓库管理员""维修管理员""项目经理",给这三个用户组都授权,便可以访问有关设备管理的信息。单击"设备管理"的下拉菜单,出现"设备管理"菜单,单击"新增"按钮,设置"选择用户(组)"为"仓库管理员""维修管理员""项目经理"。单击"设备管理"的下拉菜单,在设备列表中单击"新增"按钮,在出现的"添加规则"弹框中,设置"选择用户(组)"为"项目经理""维修工程师",在设备卡片中设置"选择用户(组)"为"项目经理",在设备地图中设置"选择用户(组)"为"项目经理""仓库管理员"。

图 9-3　查看工单权限

在 DWF 环境中,打开功能模型中的"设备管理"功能,单击 login 按钮,会出现新的网址。复制该网址并在新的浏览器中打开,输入用户名 zs,密码 123456,如图 9-4 所示。此时 zs 是用户张三,属于用户组"项目经理"。进入页面,可以看见页面的左端有"设备管理"功能,其下拉菜单中包含"设备列表""设备卡片""设备地图"三个子菜单。这里的"设备管理"菜单及子菜单"设备列表""设备卡片""设备地图"都给用户组"项目经理"授权了,因此张三可以查看这三个子菜单的信息(见图 9-5)。

同样,在新的网址中,输入用户名 ww,密码 123456。此时 ww 是用户王五，属于用户组"仓库管理员"。进入页面，可以看见页面的左端有"设备管理"功能，下拉菜单中只包含"设备地图"子菜单。由于在"设备管理"菜单中，只有"设备地图"给"仓库管理员"授权了，而"设备列表"和"设备卡片"没有给"仓库管理员"授权，因此王五只有查看设备地图的权限(见图 9-6)，而不具备查看设备列表和设备卡片的权限。

图 9-4　设备管理登录页面

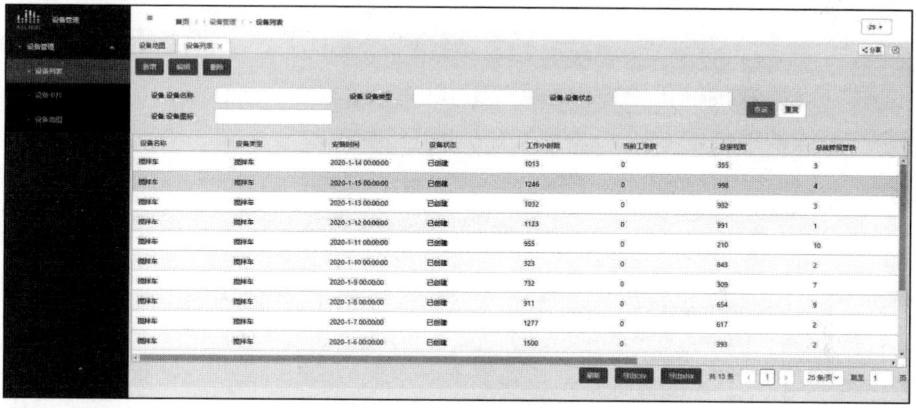

图 9-5　查看设备管理权限

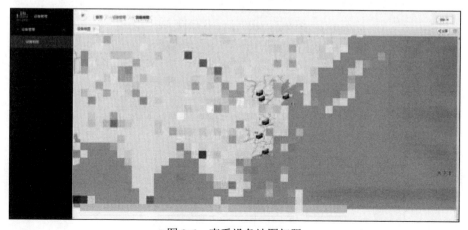

图 9-6　查看设备地图权限

9.3 访问授权

访问授权采用的是黑名单机制，即系统初始默认授予了全部数据的访问权限，然后根据应用需要收回部分权限。类访问授权指的是允许当前登录用户对类包含的对象数据进行的操作，包括新增、删除、修改、查询。属性访问授权指的是允许当前登录用户对属性进行的操作，包括编辑、查询。批量授权就是可对用户和用户组进行类和类属性的批量授权。

数据的访问授权是为了防止某些有恶意的程序员直接绕过前端界面，去调用后台的接口以窃取数据。设置访问授权后，没有权限的程序员是无法调用后台数据的，后面介绍脚本语言时会讲到后台程序接口(见图9-7)。有很多接口会在访问授权这一层面被禁用，这样某些恶意的调用就无法获取这些敏感数据。

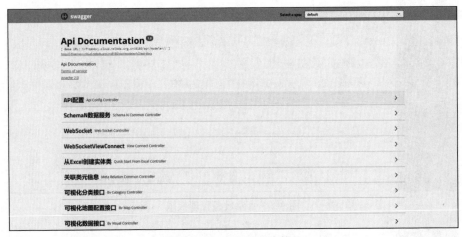

图 9-7　DWF 后台程序接口

如果不希望某个设备管理员看见总故障报警数，就可以单击设备的下拉菜单按钮，进而找到总故障报警数。单击其前面的空心圆，右端就会出现用户组"仓库管理员""维修工程师"或"项目经理"。单击维修工程师对应的"查询"按钮，将其设置为禁用模式。此时维修工程师这个用户组中的所有用户就看不见总故障报警数的相关信息了，如图 9-8 所示。

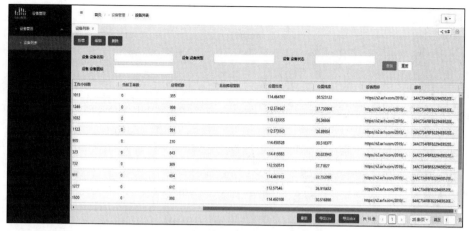

图 9-8 禁用总故障报警数

打开设备管理网页，验证刚才对数据访问权限的设置。输入用户名 ls，密码 123456，便可看见如图 9-9 所示的网页界面。由于在基于功能授权中，设置了只有维修工程师能查看设备列表，因此用李四的账号及密码登录网页只显示有设备列表。此时，查看其总故障报警数，发现里面的数据都为空，这说明这个故障报警的数据被禁用了，"维修工程师"用户组中的所有用户都没有权限查看这个有关故障报警数的信息。

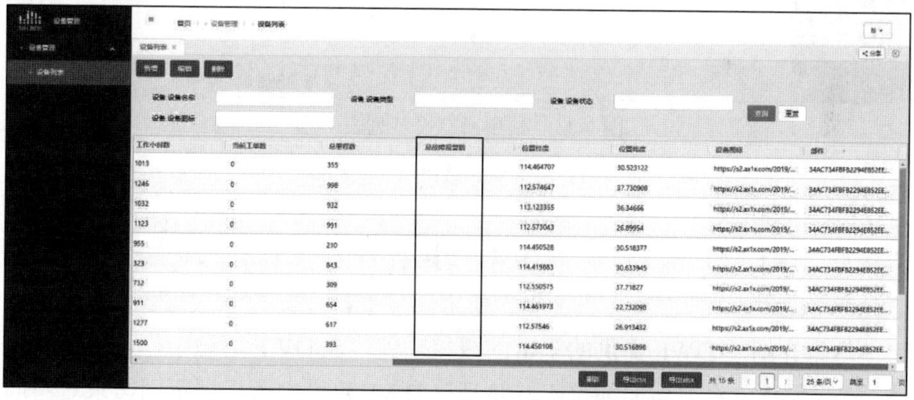

图 9-9 设备列表禁用总故障报警数信息

采用同样的方法，可以针对维修工程师将整个 Asset 设备的类都禁用。单击 Asset，在右端出现的用户组中，单击维修工程师对应的"查询"按钮以禁用(见图 9-10)，这样维修工程师将看不见有关设备的任何信息。在"设备管理"网页中输入用户名 ls，密码 123456，可看见设备列表的信息全部为空(见图 9-11)，这说明所有的信息都被禁用了。

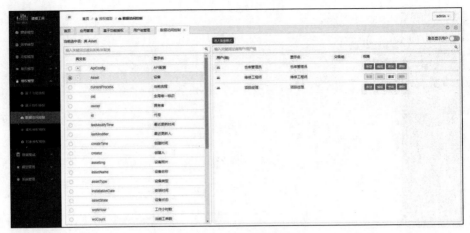

图 9-10 禁用设备列表

图 9-11 禁用所有设备列表信息

9.4 小结

本章介绍了 DWF 提供的丰富的授权功能。在 DWF 环境中，可实现对功能、类、属性、对象访问的授权，并且在 DWF 建模中可根据不同需求对不同对象进行授权。其中详述了基于功能授权、数据访问授权，以及基于组织授权、对象授权、操作授权等多种授权模式，读者可以结合自己的应用尝试使用不同类型的权限。

第 10 章 模型包管理

模型包管理是指将一个 DWF 实例系统环境下的模型(包括数据模型、表单模型、功能模型、组织模型等)快速导出并迁移到另外一个 DWF 系统环境中，从而能够将开发环境或测试环境模型快速导出并迁移到生产环境中，进而实现系统的快速部署。实际上本书从数据模型开始，就已经简单介绍了模型包的一些基础知识。本章将更为详细地阐述模型包的原理及操作。

10.1 基本概念

10.1.1 模型包

模型包是包含 DWF 模型基本元素的文件，包括组织、数据、表单、功能、授权等，用户可以在现有的 DWF 中选择模型元素打包并下载。通过单击"模型包管理"中的"新建模型包"按钮，模型包元素便可以罗列出来。通过勾选需要用到的模型元素，并单击"自动依赖分析"按钮，可以把模型包分析清楚。单击"确定"按钮下载后将其放入自己的电脑，需要时可以在 DWF 环境中打开使用。

10.1.2 模型包结构

模型包结构指的是模型描述文件、模型配套数据以及数据初始化脚本。

10.2 模型包管理

在 DWF 环境中单击"模型包管理"，可以看见页面上有前面几章构建的模型包，本章主要详述这个模型包是如何产生及工作的。单击"新建模型包"

按钮，弹出一个框图，单击"功能模型"的下拉菜单，选择"PC 应用"中的"设备管理"和"Mobile 应用"中的"设备手机端"两个应用，如图 10-1 所示。单击右下角的"自动依赖分析"按钮，读者可以看见数据模型和表单模型也被自动选中。自动依赖分析可以把 PC 和手机端应用的相关数据和表单都找到并且选中，以便读者对设备管理和设备手机端进行分析。

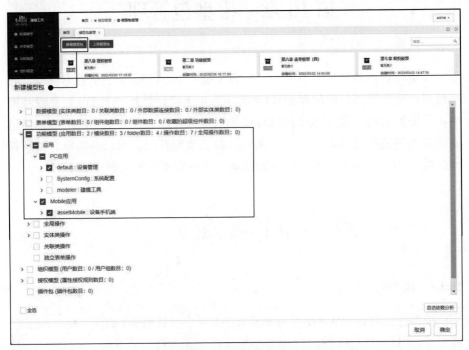

图 10-1　新建模型包

打开"数据模型"，可以看见实体类被选中。单击"实体类"的下拉菜单，显示工单和设备被"自动依赖分析"选中，如图 10-2 所示。打开"表单模型"，可以看见工单中有"手机工单详情"和"工单列表"被选中，但是"多对象工单"和"工单编辑详情"没有被选中，说明这里选中的 PC 应用和手机端应用没有使用多对象工单和工单编辑详情的数据。打开"设备"的下拉菜单，可以看见设备的"多对象表单""设备卡片""设备卡片模板""设备地图""设备看板"和"搅拌车手机详情"被选中。此外，打开"资源文件"的下拉菜单，显示有 4 张图片被选中。

所有这些数据模型、表单模型、资源文件都是"自动依赖分析"根据功能模型中的应用而选择的需要用到的数据，如图 10-3 所示。当然，也可以将其全部选择，但会造成无效数据过多，从而出现资源浪费的情况。

图 10-2 自动依赖分析

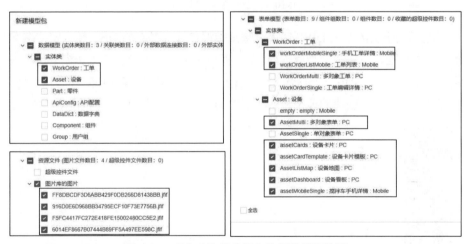

图 10-3 "自动依赖分析"选择的详细数据

根据自动依赖分析，所有数据都会自动选择完成。读者进行校核无误后，单击"新建模型包"对话框中的"确定"按钮进行确认。在新的弹框中，设置模型包名称为"第 10 章 模型包管理"，然后可以在模型包描述中给出一些简单的描述。如图 10-4 所示，模型包中具有一个脚本，单击它可以看见一个空白的弹框，这个脚本是为专业开发人员保留的，可以用 SQL 语句作为脚本，并将其附加在后面。这个脚本会在新的 DWF 环境中释放模型包时执行命令，例如，创建视图、创建对外系统的引用链接等。新建模型包名称及脚本全部完成之后，单击"保存"按钮，就会出现名为"第 10 章 模型包管理"的模型包，单击"更多"下拉列表中的"下载"选项就可以将该模型包下载到自己的电脑上。

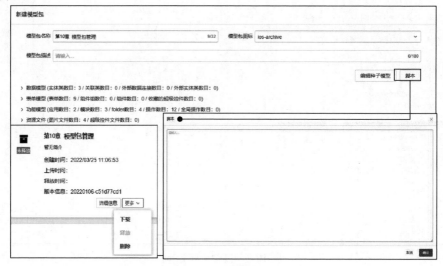

图 10-4　新建模型包详情

重新找个新的空白 DWF 环境以测试模型包管理具有的功能，输入账户名和密码进入界面。单击"模型管理"，在"模型包管理"中有个"上传模型包"按钮，单击该按钮后出现一个打开文件的弹框，在其中选择"第 10 章　模型包管理"并打开，这样自己创建的模型包就在新的 DWF 环境中打开了，如图 10-5 所示。

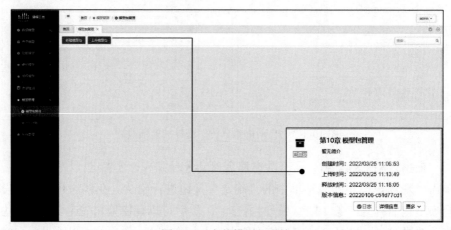

图 10-5　上传模型包详情

在模型包的"更多"下拉列表中单击"释放"选项，刷新页面，就可以查看模型包的内容了。在"功能模型"中，打开 PC 端应用，如图 10-6 所示。单击"设备管理"，可以看到包括设备列表、设备地图、设备卡片等信息的模型都在功能模型中，并且从"功能模型"中单击 login 按钮，进入新的网页，可以查看设备列表、设备地图、设备卡片的具体信息。这里要注意，由于 DWF 模型包不包含设备、工单的详细数据信息，因此读者可以看见这些表格、地图、卡片，但是具体的数据信息是空的。

图 10-6　释放模型包的数据显示

在"数据模型"中，可以看见工单和设备已经建立。单击"查看对象"，会发现里面的数据是空的(见图 10-7)，这是因为 DWF 的模型包中导入了数据、表单、功能等模型，但是具体的数据并未导入，需要读者利用导入数据这一功能从 Excel 中导入工单、设备的详细信息。具体方法也很简单，读者利用导出模板将 DWF 系统生成的 Excel 模板导出来，然后在 Excel 中按照模板要求填写具体的设备、工单数据详情，利用导入数据功能可以将其直接导入 DWF 环境中，这样设备列表、设备地图、设备卡片的详细数据信息就可以看见了。

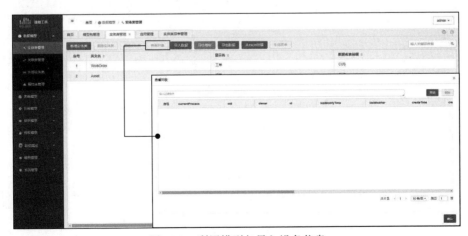

图 10-7　利用模型包导入设备信息

10.3 小结

本章主要介绍模型包的应用,包括创建、导入和释放模型包的相关知识。读者选择自己需要使用的模型元素打包并且下载,就可以新建模型包。随后,这个新建的模型包可被加载到一个新的空白 DWF 环境中,供用户打开并使用。

第 11 章　数据模型进阶

本章重点介绍数据模型管理中关联类的应用。在 DWF 中，关联类用于解决具有多对多关系的数据存储。关联类本质上也是一个实体类，不同之处在于，关联类描述的是两个实体类之间具有的关联关系，并通过其属性记录了一个来源实体类(左类)和一个目的实体类(右类)之间的关系。

11.1　关联类介绍

本章通过电商平台上的订单与商品之间的关系来说明关联类的定义及其应用。以京东电商平台的购买订单为例，订单中包含商品。所谓订单就是用于描述购买行为的具体内容，如某人何时购买了什么商品。所谓商品就是对所购买商品的描述。订单和商品之间关联有订货的数量。用户无法将订货数量放到订单中，因为一个订单包含多种商品；同样，订货数量也不能直接放到商品中，因为一种商品可能会被重复订购多次。因此，我们需要用一个关联类来专门描述订单与商品之间具有的这种数量关系。这个关联类需要建立在商品和订单之间的关系上，一种商品可以对应多个订单，而每个订单的数量是确定的。

11.2　关联类的基本概念

11.2.1　关联类

所谓关联类，就是用于解决具有多对多关系的数据存储。本质上，关联类也是一个实体类。图 11-1 所示为订单-商品的关联类。

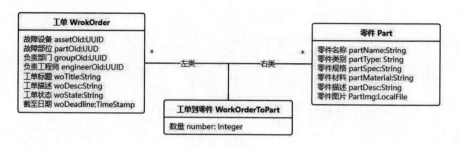

图 11-1　订单-商品的关联类

11.2.2　关联类对象

与实体类不同,关联类对象除自身外还包含左类和右类。

11.2.3　关联类属性

关联类对象也可以绑定属性,其绑定方式同实体类。表 11-1 是系统自带的关联类的属性。

表 11-1　关联类属性

属性名	显示名	数据类型	长度	备注
rightRev	右对象迭代标识	UUID	32	
leftClass	左对象类	String	50	记录左类的类名
order	序号	Integer	9	
rightClass	右对象类	String	50	记录右类的类名
leftOid	左对象标识	String	32	记录左类绑定的对象
rightOid	右对象标识	String	32	记录右类绑定的对象

11.2.4　关联类系统属性

关联类在创建时需要选择左类和右类,这些类只允许从已创建的实体类中选择。创建后,可以通过关联类访问两个实体类的所有属性。每创建一个关联类,系统都会自动为其添加 12 个系统属性,其中 8 个系统属性是同实体类自动绑定的属性。表 11-2 中列出的这些属性在创建关联对象时会自动为其赋值。

表 11-2 关联类系统属性

属性名	显示名	数据类型	长度	备注
createTime	创建时间	Date	-	关联类自身属性
creator	创建人	UUID	32	关联类自身属性
lastModifier	最近更新人	UUID	32	关联类自身属性
lastModifyTime	最近更新时间	Date	-	关联类自身属性
leftClass	左对象类	String	50	自动赋值
leftOid	左对象标识	String	32	自动赋值
oid	全局唯一标识	UUID	32	关联类自身属性
order	序号	Integer	9	关联类自身属性
rightClass	右对象类	String	50	自动赋值
rightOid	右对象标识	String	32	自动赋值
version	版本号	Integer	10	关联类自身属性

11.3　工单-零件的关联类

　　本节将根据前面章节介绍的工单和零件的实体类信息，建立一个简单的关联类。这个关联类要体现出客户拿着工单去修理零件，维修师出门之前要带上工具、配件，因此工单中要记录下维修师出门之前带的工具、配件，这就是工单和零件之间建立的关联类关系。

　　工单-零件的关联类描述的是一个工单需要用到的维修零件及数量，这个关联类中的左类是工单，右类是零件，数量是用于描述关联关系的属性。如图 11-2 所示，关联类中的一个工单可以对应多个维修零件，一个维修零件也可以对应多个工单。

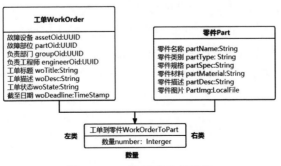

图 11-2　工单-零件的关联类

11.4　建模过程

在 DWF 环境中，打开"数据模型"的"关联类管理"模块，这个模块与"实体类管理"模块是一样的。要建立工单到零件的关联关系，首先要查看"实体类管理"模块，确保其有工单、零件的实体类。在"关联类管理"模块中，单击"新增关联类"按钮，出现弹框，其中设置填写英文名为 WorkOrderToPart，显示名为"工单到零件"，选择左类名为 WorkOrder，设置左类角色为"工单"，继续选择右类名为 Part，设置右类角色为"零件"，单击"确认"按钮，如图 11-3 所示。

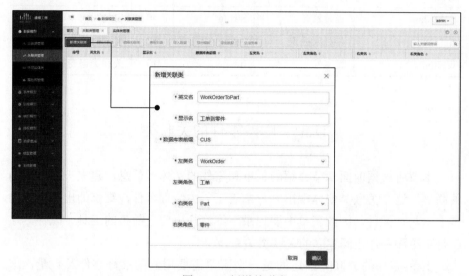

图 11-3　新增关联类

这样就建立了一个简单的工单-零件的关联类，还可以对建立的关联类继续编辑，单击"编辑关联类"按钮，弹出的对话框如图 11-4 所示。在该对话框中找到"新增属性绑定"并且单击该按钮，设置属性名称为 partQty，显示名称为"零件数量"，选择数据类型为 Integer，默认控件为"数字框"，单击"新建并绑定属性"按钮。接着在编辑关联类中就可以看见零件数量的属性设置了。零件数量是指一个工单在执行时，需要用到的零件的数目。

图 11-4　编辑关联类

11.5　小结

本章主要介绍关联类的概念，以及如何利用关联类解决多对多的关系。通过对关联类对象的介绍以及左类和右类的解释说明了关联类的作用场景。另外，本章为工单-零件两个实体类对象创建了一个关联类对象，并且对绑定关联类属性进行了案例演示。

第 12 章　表单模型进阶

本章结合维修工单、零件介绍如何创建关联类表单,以及如何创建关联类对象。工单-零件的关联类表单用于创建维修工单和零件之间的关联关系。本书以设备、零件、工单为例,已经建立了设备、零件、工单的实体类,利用 partOid 和 assetOid 将 3 个实体类连接起来,也就是说设备展开后由零部件组成,因此设备与零件之间是一对多的关系。如图 12-1 所示,在预设场景中,工单是针对具体设备来讲的,一个工单就是针对一个设备的维修,但是一个设备可以维修多次,因此设备与工单之间是一对多的关系。工单与零件之间是多对多的关系,因为一个工单可能包含多个零件,一个零件也可能在多个工单中使用。零件到零件的自关联关系将在第 14 章中介绍。

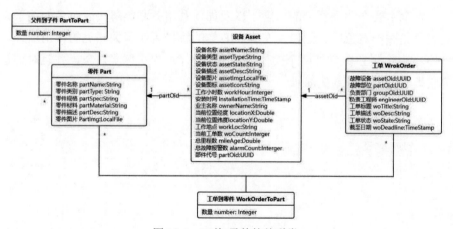

图 12-1　工单-零件的关联类

12.1　创建工单-零件的关联关系

与实体类表单类似,关联类关系可以建立关联类的表单。实体类表单和关联类表单之间的区别在于,关联类表单可以引用左对象属性、右对象属性以及关联类自身具有的属性,而实体类表单只能引用实体类的属性。

在 DWF 环境中找到"表单模型",并打开"关联类表单管理"功能,可以看见其中有个名为"工单到零件"的表单,这是由"数据模型"中的工单到零件的关联类数据模型生成的表单。然后单击"创建"按钮,出现"创建表单"的弹框,设置表单名为 WOToPatSingle,显示名为"工单和零件维护",选择"空白表单"图标,单击"确认"按钮(见图 12-2),进入表单定制页面。

图 12-2　创建工单-零件表单

在表单定制页面中,如图 12-3 所示,将多列从控件区拖曳到画布区中。单击多列,修改右端属性区中的默认列数为 3。拖曳两个选择框控件到多列的前两列中,单击第一个选择框修改属性,选择目标属性为"左类系统属性:全局唯一标识",这样第一个选择框就显示工单的全局唯一标识。单击第二个选择框修改属性,选择目标属性为"右类系统属性:全局唯一标识",这样第二个选择框就显示零件的全局唯一标识。拖曳数字框控件到第三个多列控件中,选中数字框,在右端属性区中选择目标属性为"零件数量"。这个表单就是用户选中的工单,描述了需要用到什么样的零件,数量是多少。

接下来对这个表单进行编辑。单击"工单的全局唯一标识"控件,打开数据字典,出现引用类,选择"工单",选择"浏览字段"为"代号""工单标题",选择回填字段为"全局唯一标识",单击"保存"按钮。至此,工单的设置就基本完成,如图 12-4 所示。对于这个工单需要用到的零件,可以在"零件的全局唯一标识"控件中设置。单击"零件的全局唯一标识"控件,打开数据字典,出现引用类"零件",选择"浏览字段"为"代号""零件名称",选择回填字段为"全局唯一标识",单击"保存"按钮。至此,零件的设置就基本完成。在"零件数量"控件中，修改属性区中的默认值为 1。至此，工单到零件的关联关系就建立起来了，一个工单需要用到什么样的零件以及需要的零件数量就是通过这个表单实现的。

图 12-3　工单-零件表单定制页面

图 12-4　工单的全局唯一标识引用类

12.2　工单-零件的关联列表

工单-零件关联关系的表单需要与左类工单、右类零件进一步建立联系，因此有必要建立工单-零件的关联列表。前面已经介绍了工单编辑详情的定制过程，本节继续在工单编辑详情中添加零件的列表，并且在添加需要的零件之后，设置所需零件的数量，这样就能完成维修工单所需零件和数量的设置。

在 DWF 环境中，找到"表单模型"中的"实体类表单管理"，找到工单的表单，单击"查看"按钮，会出现一个有关工单编辑详情的表单。在这个表单中单击"编辑"按钮，就进入表单定制页面，可以看见这个表单是由"基本属性"和"工作内容"两个分组框组成的，在 PC 端的"表单建模"中已经完成了这部分内容的创建。从控件区中拖曳一个分组框到画布区中，单击该分组框，修改标题为"所需零件"，如图 12-5 所示。拖曳表格到"所需零件"控件中，修改表格属性区中的样式，修改整体高度为 300 px，修改选项中目标类为"工单到零件"。在表格中设置用户希望显示的属性，单击"选择属性"按钮，弹出如图 12-6 所示的对话框。可以选择的属性有"关联类：工单到零件属性""左类工单属性""右类零件属性"，在"关联类：工单到零件属性"中选择零件数量，在"右类零件属性"中选择系统属性中的代号、类属性中的零件名称、零件类别、零件描述等信息，最后单击"确定"按钮。这样，表格中工单包含的零件名称、数量就显示出来了。

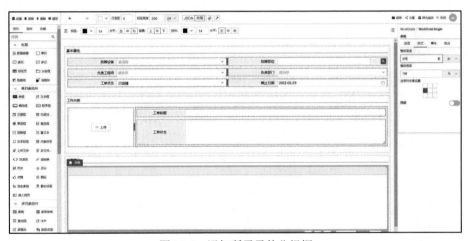

图 12-5　添加所需零件分组框

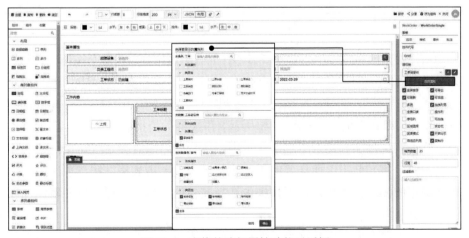

图 12-6　表格的选择属性功能对话框

对于当前正在显示的工单需要用到的零件，需要用到过滤查询条件功能（见图 12-7）。查询的目标是将被编辑的工单作为左类，找出这个左类对象关联到的所有需要用到的零件。选择左类"系统属性"，找到"全局唯一标识"并单击"添加"按钮，然后单击当前表单对象的全局唯一标识。过滤条件的命令为 and obj.left_oid='$obj.oid'，表示左类工单的全局唯一标识就是当前这张表单的全局唯一标识。

图 12-7　过滤条件生成器

从控件区中拖曳一个按钮到所需零件的分组框中，单击这个按钮，在属性区中找到"单击事件"，新增一个事件，会出现一个操作配置的弹框。设置显示名为"添加零件"，选择目标类为"工单到零件"，表单名称为 WOToPartSingle，然后单击"确认"按钮，如图 12-8 所示。添加零件是指将用于创建工单-零件的关联类表单添加到这个工单的表单中，这样就可以直接通过这个"添加零件"按钮，将当前工单所需要的零件添加进来。单击表格，在选项区中找到选择绑定的多对象控件，在下拉框中选择控件的代号，这样表格在新添加零件之后就会自动刷新。

如果工单不需要用到这个零件，也就是所需零件的表格中出现了多余的零件，就需要设置"删除"按钮。单击表格，在选项区的"选择属性"下面有个操作列，在操作列前面打勾，表格中就会出现操作列。单击操作列的右端，会看见如图 12-9 所示的"操作列设置面板"，在该面板的最上面新增按钮，修改列宽为 100px，选择绑定操作为"删除"，按钮样式为"红色"，并且选中"圆角"，将删除操作变为圆角显示，然后单击"确定"按钮退出操作列设备面板。在"选择属性"下找到"自适应列宽"并在前面打勾，这样表格中所有的属性就会占满表格空间。至此，工单的信息就维护完成，读者可以在维修工单的信息中添加零件。

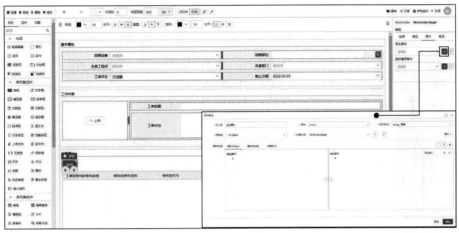

图 12-8　添加零件功能

图 12-9　操作列设备面板

返回 DWF 最初的建模工具环境中，找到"数据模型"功能的"实体类管理"选项，会出现零件的实体类。选中零件，打开"查看对象"。如果有数据，说明零件的详细信息都在表格中。如果没有，读者可以自己添加零件信息。单击"功能模型"，在"应用管理"中找到"PC 端应用"，会出现设备管理的应用。单击它会发现设备管理中有"设备管理""工单管理""零件管理"，但是"工单管理"和"零件管理"没有相应的表单，可以将这两个表单添加进去。单击"绑定表单"按钮，将弹出如图 12-10 所示的对话框。在该对话框中设置菜单名为"零件列表"，选择分组为"零件管理"，目标类为"零件"，表单名称为 PartMulti，单击"确认"按钮。同样，可以添加一个工单列表，并且将工单列表放入"工单管理"的分组中，选择目标类为"工单"，表单名称为 WorkOrderMulti。单击设备管理中的"路由 login"按钮，进入新的页面。

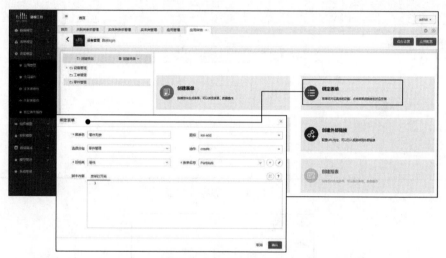

图 12-10　添加零件列表

在新的网页中输入账户名和密码，进入"设备管理"的网页界面，单击"零件列表"（见图 12-11），可以看见很多零件的详细信息，读者也可以新增一些零件。单击"新增"按钮，出现弹框，设置零件名称为"螺栓"，零件类别为"螺栓"，单击右下角的"新增"按钮，退出这个表单弹框。采用同样的方法可以新增螺母、O 型圈等不同的零件。单击"工单管理"中的"工单列表"，选中标题为"工单 1"的工单。单击"编辑工单"，在编辑工单弹框中单击"添加零件"按钮（见图 12-12），会出现一个添加零件的弹框。用户可以选择工单的全局唯一标识"WO20220329153722066-工单 1"，即刚才选中的那个标题为"工单 1"的工单。然后零件的全局唯一标识选择"螺栓"，零件数量选择"1"，这样就表示在工单 1 的这个维修工单中，需要用到 1 个零件螺栓。读者可以继续添加零件螺母、O 型圈等，以便说明一个工单需要使用不同的零件来维护。如果选择有误,或者说现在这个工单不需要使用某个零件,则可以选中该零件然后在表格的右端单击"删除"按钮,说明该工单不需要使用这个零件了。编辑工单完成后,单击右下角的"修改"按钮,就完成了对工单的编辑。当然,其他工单也可以选择使用这些零件,这说明工单与零件之间是多对多的关系。

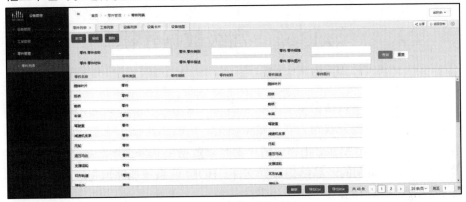

图 12-11 零件列表页面

图 12-12 在工单中添加所需零件

12.3 小结

本章通过工单-零件关联关系介绍了简单的关联类表单,主要包括左对象、右对象、关联对象以及这个关联类对应属性的引用方法。本章对在左对象的主表单中如何过滤关联类的表格也进行了简单说明。通过创建工单-零件关联关系及工单-零件的关联列表、工单列表说明了工单与零件之间具有的关联关系。

第 13 章 高级数据建模

本章重点介绍数据模型中关联类的高级应用，即产品结构。产品结构是一种零件到零件自关联的关联类数据模型。产品结构在工业企业的应用特别普及，BOM(Bill of Material)物料清单就是以数据格式来描述产品结构的文件，是计算机可以识别的产品结构数据文件。BOM 使系统能够识别产品结构，下面介绍产品结构 BOM。

13.1 产品结构

在设备管理的案例中创建了设备、工单、零件 3 个实体类，零件实体类是对零件属性的描述。零件实体类用于描述零件，包括零件名称、零件类别、零件规格、零件材料、零件描述、零件图片等。零件类别包括零件、部件、产品。产品是由部件、零件组成的。

在应用系统中通常用父件和子件的关系来描述产品结构，即采用产品 BOM 来描述产品的装配关系。其中左对象是零件，即父件，右对象也是零件，即子件，产品结构描述的是零件到零件的自关联关系。在图 13-1 左边的零件中，描述了零件跟零件父子件之间装配关系的关联类就是自关联关系。

这里以笔记本电脑为例进一步阐述自关联关系，一台笔记本电脑由一个底座和一个显示器两个零件构成。笔记本、底座、显示器这 3 个概念可以被视为 3 个零件对象，但是底座和显示器拼接在一起就是一个笔记本。这里就存在两个关联关系：一个是要生产笔记本，就需要用到一个底座；另一个是制造这个笔记本，需要一个显示器。这就是零部件的关系，一个零件跟另一个零件是父子件的关系。

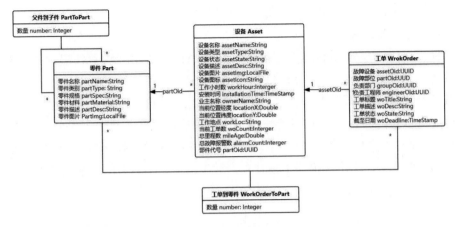

图 13-1 产品结构图

图 13-2 所示的是手机的产品结构。第一层产品结构由屏幕、电池、前置摄像、后置摄像等不同部件组成，这些部件我们称之为是手机产品结构的第一层子件。其中屏幕这个部件由线路板和 LED 等零件组成，在屏幕这个节点上，父件是屏幕，子件是线路板、LED 屏等零件。通过对产品结构进行一层层分解，就可以完整描述手机的产品 BOM。通过对这个产品 BOM 进行供应链管理，在用户想买手机时，这些物料能够一一调配并快速制作，从而保证现货率。

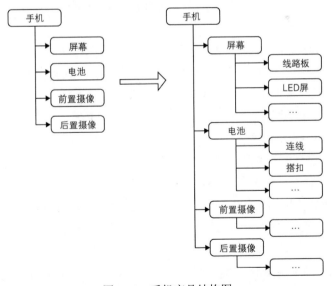

图 13-2 手机产品结构图

搅拌车产品的第一层产品结构是由底盘系统、液压传动、搅拌罐体、出料系统等不同部件组成。如果用零件与零件的联系，将这个关联关系即组装结构描述出来，就是这些大部件系统是第一层产品结构也是搅拌车设备的子件；在第二层产品结构中底盘是父件，底盘系统由下级子件车架、传动系统、悬架、转向系统、制动系统组成；在传动系统第三层结构中，传动系统是父件，该父件由离合器、液力变扭矩、车轮等组成。搅拌车的产品组成可以按此方法一层层进行分解。在自关联关系中，两个零件分为左类、右类，其中左类称为父件，右类称为子件。图13-3所示为搅拌车产品结构BOM的部分展开图，这个图描述了搅拌车产品零部件之间具有的装配数量关系。

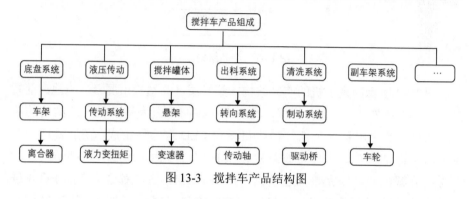

图13-3 搅拌车产品结构图

13.2 零件父子件关联建模

在DWF环境中，打开"数据模型"的"关联类管理"功能，可以看见有个"工单到零件"关联类，它是前面章节中建立的关联类模型。单击"新增关联类"按钮，将弹出如图13-4所示的对话框。在该对话框中，设置英文名为PartToPart，显示名为"零件到零件"，左类名为Part，左类角色为"父件"，右类名为Part，右类角色为"子件"，单击"确认"按钮。

对于建立好的零件自关联模型，需要增加属性。单击"编辑关联类"按钮，将弹出如图13-5所示的"编辑关联类"对话框。在该对话框中，单击"新增属性绑定"按钮，在出现的框图中设置属性名称为number，显示名称为"装配数量"，数据类型为Integer，单击"新建并绑定属性"按钮及"确认"按钮退出框图。然后单击这个"零件到零件"的自关联模型并查看对象，发现里面没有详细数据，因此需要导入数据。可以利用导出模板功能，把Excel模板导出来，然后填写详细的数据(见图13-6)，接着用导入数据的功能将其导入"零件到零件"自关联模型中。

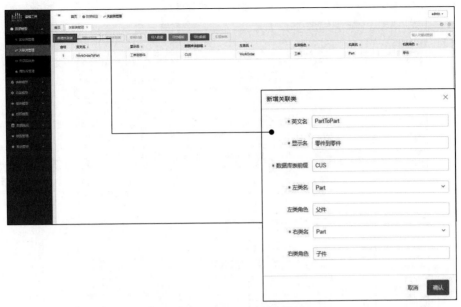

图 13-4 新增自关联类模型

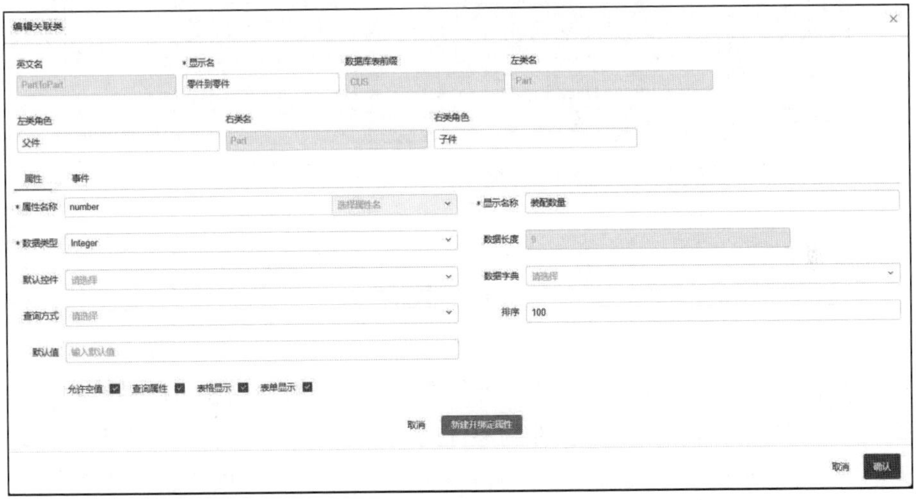

图 13-5 编辑关联类

	A	B	C	D	E
1	leftClass	rightClass	leftOid	rightOid	number
2	左对象类	右对象类	左对象标识	右对象标识	数量
3	Part	Part	063ECA13596C914DA4CECF698D1C930D	D32A35C9D279724A825637669E2C3971	1
4	Part	Part	D5B1521D613D574B8814D080ABC57115	C789EF91632B6741B4529F7D270616F3	1
5	Part	Part	063ECA13596C914DA4CECF698D1C930D	76CA9A0542EE2144B1C638ED9DDE227C	1
6	Part	Part	063ECA13596C914DA4CECF698D1C930D	2AFC6DA4DF98FC468945F596AEF40097	1
7	Part	Part	063ECA13596C914DA4CECF698D1C930D	EF00D1CBC9EF2D44AA6DC07C2A640D2C	1
8	Part	Part	063ECA13596C914DA4CECF698D1C930D	916FDBA539A3AA428BC2B9A1BF219FD0	1
9	Part	Part	869E1650351B404DBBC7A46BF4AC68F4	A33936A3E079B147907F761220AB5ACF	1
10	Part	Part	869E1650351B404DBBC7A46BF4AC68F4	18020CACCBDA1547BABDB5C139AB9C0F	1
11	Part	Part	869E1650351B404DBBC7A46BF4AC68F4	995E98A15459C646B6497371B76914C1	1
12	Part	Part	51B98764EC652E468B6A61155C532966	1D0F6C62C9858948BD91FE9C591051A0	1
13	Part	Part	51B98764EC652E468B6A61155C532966	23E410E0E27F9B45840D9F636995E067	1
14	Part	Part	DAFB73D0B5202941A46AC896965682BE	43E4842828CB5D48B0C4B2769EE973BE	1
15	Part	Part	32CBF755AA98F24D82F8991CDC0D88FA	8B17E17E6F71524EB61DFA01B7CC6B38	1
16	Part	Part	32CBF755AA98F24D82F8991CDC0D88FA	FE794633D057F04CA67C47C20DB8FB9B	1
17	Part	Part	32CBF755AA98F24D82F8991CDC0D88FA	0CE18BB527FFEA44B37EC654673C2924	1
18	Part	Part	32CBF755AA98F24D82F8991CDC0D88FA	0DA1B419FF30B9499116CF1FC871DA78	1
19	Part	Part	F66C4BAB2F0BF24CBC62F5D37FFDF7A7	635DA7A8FF350744B8CAE3E1DBBB0D06	1
20	Part	Part	F66C4BAB2F0BF24CBC62F5D37FFDF7A7	D810C2259501F048AA3333E8ADF961EA	1
21	Part	Part	F66C4BAB2F0BF24CBC62F5D37FFDF7A7	150789C11B36A04DB64E448CE813F826	1
22	Part	Part	F66C4BAB2F0BF24CBC62F5D37FFDF7A7	B1B15FB91C7A54449A9268ADDE406627	1
23	Part	Part	CDF3FA340AA3B74988DE5DB42568C6BE	BB9029E26338C046B2181805BF70CF43	1
24	Part	Part	CDF3FA340AA3B74988DE5DB42568C6BE	D6D0C1FD4D8EC548814DE7016FEF5D52	1
25	Part	Part	CDF3FA340AA3B74988DE5DB42568C6BE	55C70A17A2A26440A828107563284CB2	1
26	Part	Part	10EFA90FAE71AC488D2DBBEE49ED8E79	6F49E3BF1F7D3F40B7A78582D260F5A9	1
27	Part	Part	10EFA90FAE71AC488D2DBBEE49ED8E79	26290C008262CA46B1153477AD9971E7	1
28	Part	Part	10EFA90FAE71AC488D2DBBEE49ED8E79	358B7354873C6443900A7C7BF6D97EA9	1
29	Part	Part	10EFA90FAE71AC488D2DBBEE49ED8E79	32399720C894EC44A22F934CF9D8BD64	1
30	Part	Part	9BE3719F9D9C964F9925B7EC6557858C	BD231035E9456944883FDF705339F330	1
31	Part	Part	9BE3719F9D9C964F9925B7EC6557858C	E3C71ED3F7CCBE42AABA6C755BC3FBBB	1
32	Part	Part	9BE3719F9D9C964F9925B7EC6557858C	3E27419A34D4E241AEC51D0D13781B35	1
33	Part	Part	32CBF755AA98F24D82F8991CDC0D88FA	9A8A562246A5AD4197F1843991F2BBB1	1
34	Part	Part	DAFB73D0B5202941A46AC896965682BE	5B491C83BBC650469DE28DF8B6B9DCDF	1
35	Part	Part	DAFB73D0B5202941A46AC896965682BE	8C7F379831AB2B4E8BDA92CC0B6CDDA4	1
36	Part	Part	063ECA13596C914DA4CECF698D1C930D	6DE075049FE2C644BD8980B5A5E20487	1
37	Part	Part	063ECA13596C914DA4CECF698D1C930D	945ED24D5F698C4290D02E47039CA7D6	1
38	Part	Part	063ECA13596C914DA4CECF698D1C930D	9AEF9029C559EF49ACAEF92B75719FA3	4
39	Part	Part	34AC734FBFB2294E852EE50B54C00831	32CBF755AA98F24D82F8991CDC0D88FA	1
40	Part	Part	34AC734FBFB2294E852EE50B54C00831	869E1650351B404DBBC7A46BF4AC68F4	1

图 13-6　“零件到零件”自关联模型的详细数据

13.3　小结

本章主要描述了自关联关系，用父件、子件的关系描述了产品结构，即BOM。关联类可以用来描述零件到零件的关系以及产品结构中零件到零件之间的关系。新增的关联类属性名称为 number。一个父件可以关联到多个子件，一个子件也可以关联到多个父件，父件与子件之间是多对多的关系。

第 14 章　高级表单模型建模

本章将围绕设备管理中的"产品结构"、设备列表功能中的"设备详情"建模过程，介绍高级关联结构树、可视化控件和查询控件的使用方法，并扩展介绍一些基础的查询语法。

14.1　产品结构树

产品结构树即用树形结构来描述产品结构。在树形结构中，通过设置父件和子件，也就是这棵树的根节点和叶子节点，然后对树形结构的关联关系、根节点、子节点进行恰当设置，产品结构树就能显示出来。

14.1.1　创建产品

在 DWF 环境中，找到"功能模型"中的"应用管理"，单击 PC 端应用中的"设备管理"功能，在"零件管理"分组中增加一个产品结构的表单。单击"绑定表单"按钮，在所出现的对话框中设置菜单名为"产品结构"，选择分组为"零件管理"，动作为 visit，目标类为"零件到零件"。在表单名称中单击"新增"按钮，弹出一个"创建表单框"图。设置目标类为"零件到零件"，表单名为 BOM，显示名为"产品结构"，单击"确认"按钮(见图 14-1)，退出对话框。在"操作编辑"的框图中，单击表单名称 BOM 的"编辑"按钮，进入表单定制页面。

在表单定制页面中，如图 14-2 所示，从左端的"多对象控件"中找到"关联结构树"。单击"关联结构树"，选择实体类为"零件"，关联类为"零件到零件"。单击根节点标签的空白区域，弹出一个"设置标签"的框图。选择实体类属性中的系统属性"代号"，类属性中的"零件名称"，单击"确认"按钮退出框图，可以看见 obj.id/obj.partName/。单击子节点标签的空白区域，弹出一个"设置标签"的框图，选择关联实体类属性中的关联实体类系统属性

"代号",关联实体类属性中的"零件名称",关联类属性中的"装配数量",单击"确认"按钮退出框图,可以看见 obj.right_id/obj.right_partName/obj.relation_number/。单击根节点查询条件的空白区域,弹出一个"过滤条件生成器"的查询框。选择类中文名零件类别为 partType,此时选择框显示 and obj.partType,然后将输入法切换为半角输入,在选择框中继续输入 and obj.partType = '产品',然后单击"确认"按钮退出。将样式中整体高度设置为 80 vh,单击"保存"按钮。产品结构树设置完成后,单击"更新预览"按钮,就可以看见关联结构树的数据已显示出来。

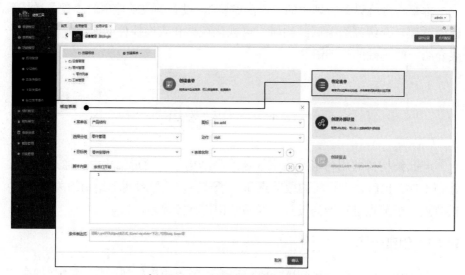

图 14-1　新增产品结构表单

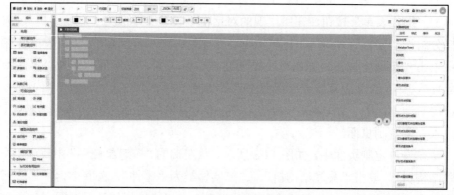

图 14-2　产品结构表单定制页面

在"功能模型"中,单击"设备管理"的 login 按钮,进入新的网页。输入账号和密码,打开"零件管理"中的"产品结构",可以看见如图 14-3 所示的搅拌车信息。在关联结构树中，可以看到，如果要组装底盘系统，就需要用到四个轮胎、一个车轴、一个发动机、一个驾驶室、一个车架等这些零件才能把一个底盘生产出来。要生产一辆搅拌车，就必须把底盘系统、液压传动、搅拌罐体、出料系统等不同零件组装起来，才能把搅拌车生产出来。

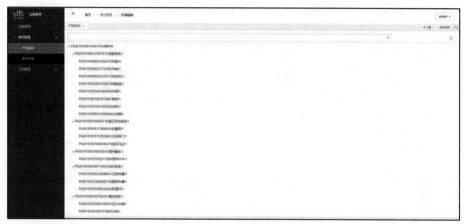

图 14-3 产品结构网页显示

14.1.2 创建子件

产品结构树中可以附加很多按钮并增加不同功能，这些功能可以更好地维护产品结构树。在产品结构的表单定制页面中，可以在右端的"事件"中单击"节点事件"功能，也可以新增"根节点操作配置""子节点操作配置"功能。将根节点和子节点操作配置分开，是因为根节点是父件，没有比根节点更上层的零件了。如搅拌车，在搅拌车系统里这个搅拌车就是最终产品，没有比搅拌车更加根源的系统了。子节点是有源头的，比如底盘系统就是搅拌车的一个子件。底盘系统的子件(如轮胎)也是可以在子节点操作配置中设置的。

在产品结构树的 BOM 表单定制页面中，单击"关联结构树"，在右端的"事件"中新增"根节点操作配置"，出现"操作设置"弹框。选中"文字"，在操作中填写"创建子件"(见图 14-4)。在"事件"中单击"新建"按钮，弹出"操作配置"弹框。填写显示名为"创建子件"，选择目标类为"零件到零件"。在表单名称中单击"新增"按钮，弹出"创建表单"的框图。填写表单名 PartToPartSingle，单击"确认"按钮。返回"操作配置"弹框，单击 PartToPartSingle 旁边的"编辑"按钮，进入表单定制页面。

在表单定制页面中，从控件区拖曳一个多列控件到画布区，然后单击多列控件，在右端选项区修改默认列数为 3，再拖曳两个选择框控件到前两个多列中,拖曳一个数字框控件到最后一个多列控件中。单击第一个选择框,在右端选项区选择目标属性"左对象标识 leftOid"。打开数据字典,设置引用类为"零件",设置浏览字段为"代号""零件名称",设置回填字段为"全局唯一标识",修改标签名称为"父件",然后单击"开启搜索"按钮。单击第二个选择框,在右端选项区选择目标属性"右对象标识 rightOid"。打开数据字典,设置引用类为"零件",浏览字段为"代号""零件名称",设置回填字段为"全局唯一标识",修改标签名称为"子件",然后单击"开启搜索"按钮。数字框修改选项区的默认值为1,单击"保存"按钮(见图14-5)。

图 14-4　创建子件

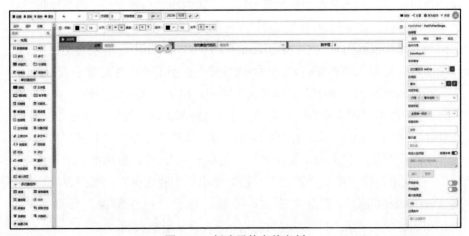

图 14-5　创建子件表单定制

打开"功能模型"中的设备管理网页,输入账号和密码,出现如图 14-6

所示的零件管理中的产品结构,可以看见"创建子件"按钮。单击这个按钮可以在关联结构树中父件的目录中增加新的子件。单击"创建子件",出现弹框,在其中选择父件为"搅拌车",子件为"O型圈",单击"新增"按钮,然后刷新页面,就可以看见关联结构树中搅拌车的子件中增加了一个O型圈。

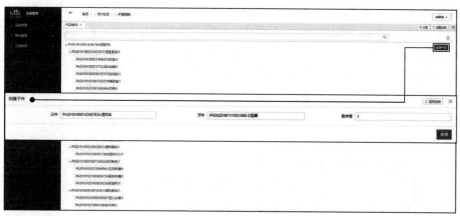

图 14-6 创建子件网页

回到表单定制页面中,在"子节点操作配置"中单击"新增"按钮,弹出"操作设置"弹框。选择文字,在操作中填写"关联零件",在事件中选择"创建子件",然后单击"确认"按钮。继续添加一个删除按钮,在"子节点操作配置"中单击"新增"按钮,弹出"操作设置"弹框,选择文字,在操作中填写"删除装配",在事件中选择"删除",然后单击"确认"按钮。返回设备管理网页,可以看见如图 14-7 所示的"关联零件"和"删除装配"按钮都显示在子件右端。读者可以自己尝试,在子件中创建新的子件,也可以删除这个装配关系。

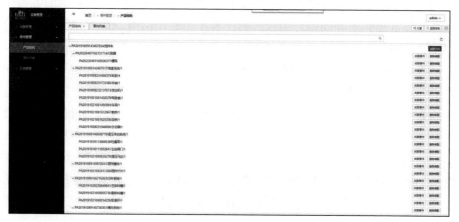

图 14-7 关联零件及删除装配

14.1.3 创建子节点

打开设备管理网页，在创建的搅拌车子件 O 型圈右端单击"删除装配"按钮，刷新页面就可以看见 O 型圈消失了，这说明在装配关系中把 O 型圈与搅拌车的装配关系取消了。单击"创建子件"按钮，出现弹框。选择父件为"搅拌车"，子件为"O 型圈"，单击"新增"按钮，然后刷新页面，就可以看见关联结构树中搅拌车的子件中增加了一个 O 型圈，这是创建子件的功能。继续单击 O 型圈右端的"关联零件"，出现弹框，在其中选择父件为"O 型圈"，子件为"螺母"，单击"新增"按钮，刷新页面，就可以看见 O 型圈下增加了一个子件螺母。页面此刻显示的根文件是搅拌车，子件是 O 型圈，子件的子件是螺母。

创建子节点也就是创建关联零件，可以采用初始化节点的方法。在添加零件的操作配置中用 JavaScript 语言增加脚本语言，可以更方便地在子件中关联零件。在关联零件中，用脚本语言设置父件为根节点的子件 O 型圈，这样创建出来的子件螺母，就是子件的子件。这样方便用户在关联零件时，可以初始化子节点。

首先是获取关联结构树，然后获得结构树上的节点，将节点上父件的 Oid 设置为当前被操作的子件节点的 Oid。这样通过将上一级的子件 Oid 设置为下一级的父件 Oid，就可以方便地为子件关联零件，从而不断地创建出子件以及子件的子件等。

在关联结构树的表单定制页面中，单击"关联零件"的"编辑"按钮，出现操作设置弹框。在"事件"中单击"创建子件"的"编辑"按钮，可以看见"操作配置"弹框如图 14-8 所示。在表单打开前的空白区域中，输入如图 14-9 所示的初始化关联零件代码。其中的 RelationTree1 指的是关联结构树代码，可以通过类属性集找到每个控件的代码。打开操作配置右端的类属性集，可以看见脚本辅助信息的控件树中有个关联结构树。单击它便可以看见控件代号写着 RelationTree1，控件脚本写着 this.getAddinById('RelationTree1')，可以将其复制到表单打开前的空白区域。脚本 var nodes = tree. getSelected(); 是用于获得关联结构树的子件节点，return 括号中的语句就是初始化关联零件的命令，用于将上一级子件的 Oid 赋值给当前零件父件的 Oid，单击"确认"按钮返回。进入"设备管理"网页中，打开"零件管理"的"产品结构"，单击"搅拌车"的子件"O 型圈"，并单击右端的"关联零件"。可以看见弹出的"创建子件"弹框中父件自动显示了 O 型圈，这说明前面设置的脚本比较成功。继续在子件中选择螺母或者其他零件，就可以在 O 型圈这个子件的基础上继续创建子件。

图 14-8　初始化关联零件

```
var tree = this.getAddinById('RelationTree1');
var nodes = tree.getSelected();
return {
  obj:{
    relation_leftOid: nodes[0].relation_rightOid
  }
}
```

图 14-9　初始化关联零件代码

14.2　左树右表

左树右表结构是希望在一个表单中将设备属性、产品结构和设备上关联的工单都连接起来。表单的左边显示关联结构树，右边显示设备上对应的故障部位的工单。当读者单击关联结构树的一个节点时，若希望右边的工单对应的故障部位自动显示出来，就需要设置一个过滤条件。

打开"功能模型"中 PC 端应用的"设备零件"功能，在"分组设备管理"中找到"设备列表"，单击"编辑"按钮，进入设备列表的表单定制页面。从控件区拖曳一个按钮到画布区中"新增""编辑""删除"这 3 个按钮的后面，单击这个新增的按钮，在右端属性区中找到"事件"，打开"单击新增"，出现操作配置的弹框。填写显示名为"设备详情"，选择动作为 visit，操作样式为"tab|页签"，目标类为"设备"。在表单名称中单击"新增"按钮，出现"创建表单"弹框。填写表单名为 assetDetail，显示名为"设备详情"，单击"确认"按钮返回操作配置(见图 14-10)。单击表单名称的"编辑"按钮进入"设备详情"的表单定制页面。

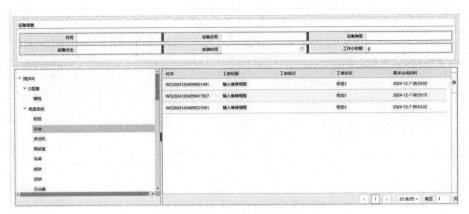

图 14-10　设备详情定制

在"设备详情"的表单定制页面中，从控件区拖曳一个单列控件到画布区中。在画布区上端的工具条"布局"旁边有个快速创建的按钮，单击这个按钮弹出"快速创建"弹框。在分组名称中填写"设备信息"，将创建列数修改为 3，选中设备代号、设备名称、设备类型、安装时间、设备状态及工作小时数，单击"确定"按钮(见图 14-11)。返回"设备详情"的表单定制页面，可以看见单列中已有前面 6 个控件的设置并且已经初始化完成。从控件区拖曳一个多列控件到画布区中单列控件的下方，将关联结构树控件拖曳到第一个多列控件中。单击关联结构树，修改右端属性区中的实体类为"零件"，关联类为"零件到零件"，根节点标签选择"零件名称"，显示 obj.partName/。子孙节点也选择零件名称，显示 obj.right_partName/。根节点查询条件选择"零件类型"，空白区域修改为 and obj.partType = '产品'。单击"更新预览"按钮，就可以看见搅拌车的关联结构树对应的数据了。修改默认加载层数为 3，就可以看见关联结构树显示了父件、子件、子件的子件总共 3 层零件。拖曳一个表格控件到右边的多列控件中，单击表格，修改目标类为"工单"。单击"选择属性"按钮，弹出表格的"选择属性"弹框，选中系统属性中的"代号"，类属性中的"工单标题""工单描述""工单状态""截止日期"，单击"确定"按钮就可以看见工单的数据信息了。将关联结构树和工单表格的右端样式都修改为 50 vh。

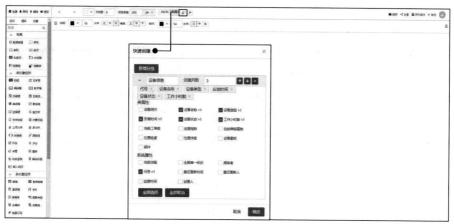

图 14-11　快速创建功能

工单与关联结构树的零件之间应建立联系。首先要对工单进行过滤，打开表格的过滤条件，弹出过滤条件生成器。单击设备类属性的设备故障 assetOid，然后在当前表单对象中单击"系统属性"的"全局唯一标识 Oid"，意思就是当前设备对象的 Oid 就是设备故障的 Oid。需要设置一个脚本，以便在关联结构树中单击一个零件的同时工单表格中就显示这个零件的故障部位以及相应的工单。单击工单表格，在右端属性区事件中找到"单击事件"选项，单击"新增"按钮，出现"操作配置"弹框(见图 14-12)。填写显示名为"刷新表格"，修改动作为 implement。单击右端类属性集，在控件树中找到多列下的表格，之后就可以看见控件代号和控件脚本中出现了表格的代号与脚本命令。单击控件脚本下的"复制"按钮，返回操作配置，在脚本内容的前端脚本空白区域中写上 let grid =，然后在等号后面将控件脚本的复制内容粘贴进去。

图 14-12　刷新表格

图 14-13 中所示程序的第一行代码用于获取表格这个控件，第二行代码用于获取关联结构树这个控件，然后对表格执行刷新命令，其中语法`and obj.assetOid = '${this.obj.oid}'`指的是将当前设备赋值 Oid 给故障设备 Oid。语法 and obj.partOid ='${tree.getSelected()[0]. relation_rightOid}'`指的是将关联结构树中被选定的节点第一个对应的零件到零件右对象标识赋值给工单的故障部位。打开"设备管理"网页，找到"设备管理"分组中的"设备列表"，选择工单 1 所用的设备，然后单击"设备详情"，可以看见工单 1 出现在工单列表中(见图 14-14)。

```
let grid = this.getAddinById('Grid1');
let tree = this.getAddinById("RelationTree1");
grid.freshData(
    `and obj.assetOid = '${this.obj.oid}' and obj.partOid =
    '${tree.getSelected()[0].relation_rightOid}'`
);
```

图 14-13　刷新表格脚本

图 14-14　设备详情网页

14.3　小结

本章主要介绍了零件和零件的自关联产品结构树，实现了产品 BOM 树，搭建了左树右表的表单，并对关联结构树中的添加节点、编辑节点、删除节点及操作的查询条件设置进行了案例演示。在关联类表单中，通过产品结构，介绍了新增产品、新增零件和删除零件的功能。在综合表单建模中，介绍了左树右表，详述了产品属性、产品结构和工单列表等功能。

第 15 章 第一部分总结

到目前为止，我们已经介绍了 DWF 低代码开发工具中的无代码定制能力。本部分内容主要分为入门和进阶两个阶段。

在入门阶段，介绍了数据模型的定制方法，以实体、属性为基础刻画实际应用中需要维护的数据；接着，介绍了应用和功能的定制方法，在此基础上介绍了单对象数据、多对象数据的表单定制方法，然后通过组织模型和权限定制功能介绍了如何定制应用内的权限；最后介绍了如何将已经开发成型的应用进行打包和部署。通过入门阶段的学习，可以掌握 DWF 定制的基本技巧。在之后的进阶学习中，主要围绕着关联类介绍了对应的数据模型和表单模型的定制方法。

然而，在实际应用开发的过程中，往往会出现特殊的个性化需求无法通过无代码定制满足，因此在定制基础之上还需要进一步掌握一些脚本开发的技巧，以便更快速地满足需求。下一部分将介绍低代码脚本开发的相关内容。

第二部分

低代码开发

低代码开发能力是面向特殊应用的开发需求而提供的脚本开发功能，DWF 使用 JavaScript 作为脚本开发的默认语言，并在此基础上植入了用于操纵 DWF 的变量和函数。DWF 脚本可分为前端脚本和后端脚本，运行在浏览器或者手机上的脚本称为前端脚本，运行在后端服务器上的脚本称为后端脚本。本书第二部分旨在为读者提供一个有关脚本开发的框架性认识，在掌握了此框架以后，读者可以在实践中系统性地逐步丰富自己的脚本开发实战技能。

第二部分的前四章主要介绍前端脚本开发能力，其中，第 16 章介绍 DWF 脚本的基本使用方法，以及用于访问整个 DWF 运行过程的全局变量和全局函数；第 17 章从数据入手，介绍如何通过脚本访问表单中包含的数据，并对数据进行基本操作；第 18 章继续讨论在脚本中如何控制控件的行为，例如，显示隐藏、启用禁用、检查输入合法性等；第 19 章开始介绍在表单和表单之间进行切换和跳转时如何进行数据传递，并且控制其初始化和默认操作等行为；从第 20 章开始介绍后端脚本的编程方法。

从第 21 章开始，将围绕一些专题介绍如何综合运用脚本开发来实现与其他主流组件进行集成并扩展新的功能，包括与 Echarts 可视化控件的集成(第 22 章)；与人工智能服务的集成以实现视觉识别(第 23 章)；以及与简单的物联网时序数据库 IoTDB 的集成(第 25 章)；最后，介绍一般性的 Python 脚本的集成方法(第 26 章)。

第 16 章　前端脚本开发入门

完整的 DWF 在运行起来后是一个经典的前后端分离的架构，前端在浏览器或手机上运行，而后端则在云端的服务器上运行。一般情况下，用户使用 DWF 应用前端提供的功能时往往有一些特殊需求，此时通过定制很难满足，因此希望采用某种低成本的方式实现对系统的扩展。对于 DWF 而言，这种方式统称为脚本扩展。

在 DWF 的前后端体系结构中，脚本的开发人员可以针对业务系统用户的浏览器端进行脚本扩展，也可以对后端服务器进行脚本扩展。DWF 分别在前后端为程序员提供了一系列辅助函数和辅助变量，可以方便地获取当前运行环境、操作数据并且修改系统的表现方式，甚至在特定事件出现时干预 DWF 系统的行为。

16.1　脚本基础

掌握 DWF 脚本并利用其开展工作，重点在于了解 DWF 为脚本开发者提供的辅助变量或辅助函数，包括其拼写、作用和调用的套路。通过这些辅助函数可以进一步获得或改变环境、表单、数据甚至调用外部的其他系统。

对于 DWF 脚本所用的 JavaScript 的基本语法，读者可以在网上自学，也可以自己购书进行学习。

16.2　在设备列表中添加 hello world!程序

首先，实现一个简单的"hello world!"程序。在 DWF 环境中，打开"功能模型"，在 PC 端应用中找到"设备管理"功能。单击 login，输入账号和密码，进入设备管理网页。打开设备列表，单击右端的"返回定制"按钮，进入设备列表的表单定制页面。

在设备列表的表单定制页面中,从控件区拖曳一个按钮到画布区中的"创建设备""编辑设备""查看详情"等功能后面。然后单击按钮,在右端属性区中找到"事件",单击"新增事件"按钮,出现操作配置的弹框。填写显示名为helloWorld!,选择动作为implement,在脚本内容的"前端脚本"框中输入 this.msgbox.info("hello world!"),如图 16-1 所示。单击"保存"按钮,退出表单定制页面。刷新设备管理网页,打开设备列表,单击 helloWorld!按钮,可以看见如图 16-2 所示的网页上显示有 hello world!字样。

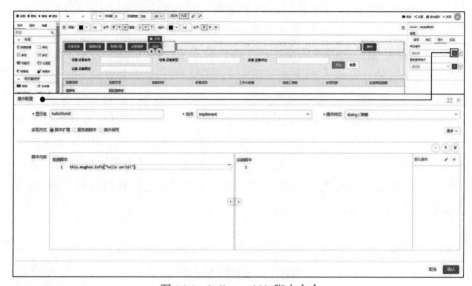

图 16-1　hello world! 脚本命令

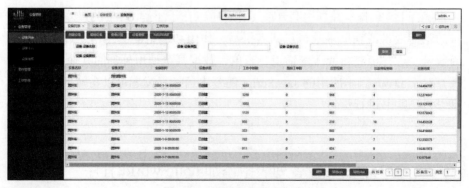

图 16-2　网页显示脚本命令

16.3 脚本关键字

学习脚本提供的关键字，好比学习英语一样，需要记单词、学语法。在 DWF 中，关键字就是单词，需要经常使用。本节首先要介绍的是 DWF 所有保留字的总入口，也就是全局入口。

- this(object)：this 本身是一个对象，是 DWF 脚本中的顶层保留字，包含所有和扩展有关的函数与变量，可以直接进行调用，从而实现一些特殊功能。

环境变量是指正在运行 DWF 界面的全局变量，包括 3 种类型，分别是 this.env、this.user、this.msgbox。

- this.env：包含 DWF 前端的上下文信息，具体包括以下 3 种。
  - serverIp：字符串，在浏览器地址栏输入的 DWF 服务器位置。
  - serverPort：字符串，在浏览器地址栏输入的用于访问 DWF 服务器的端口号。
  - appConfig[]：DWF 后端，如果是私有部署，则有一个部署文件，可以在其中加入新开发的独特功能，用于获取配置文件中的配置项，如独特的连接字符串等。读者可以通过这个数组获取配置项的一些键值对，这些键值对包含了在 DWF 配置文件中记录的配置项。
- this.user：包含当前登录用户的基本信息，具体包括以下 5 种。
  - oid：字符串，当前登录用户在内部的唯一代号。
  - userName：字符串，用户登录 DWF 的账号。
  - displayName：字符串，用户的中文显示名。
  - token：字符串，用于访问其他网站的令牌。
  - userGroups：数组，当前用户所属用户组的数组。
- this.msgbox：该变量包含如下所示的 3 个标准弹框。
  - info()
  - error
  - success

16.4 调试前端脚本

调试前端脚本有两种方法：一种是直接在前端打开浏览器自带的调试工

具，通过输出日志的方式来进行调试；另一种是打开调试工具，在代码中有选择地去输入信息，让程序运行到相应位置时开始进行调试。

16.4.1 浏览器调试工具

打开设备管理网页，在设备列表中找到 helloWorld!按钮，通过这个按钮输出上下文信息。以 Chrome 浏览器为例，设备列表中有更多工具可用，找到开发者工具，打开它就能看见浏览器底部有个控件；或者直接按 F12 键，也能打开这个底部控件。

找到"设备列表"的"返回定制"功能，单击 helloWorld!按钮，接着在右端的属性区找到"事件"，单击 helloWorld!按钮，在脚本内容中添加命令 console.log "hello world! "，如图 16-3 所示，然后单击"确认"按钮退出编辑。返回设备列表网页，刷新并单击 helloWorld!按钮，可以看到在底部控件的控制台上会有 hello world!字样(见图 16-4)。

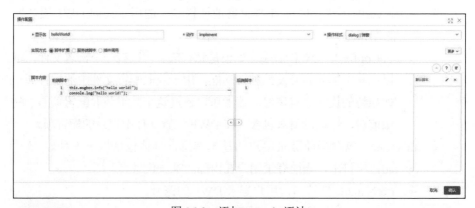

图 16-3　添加 console 语法

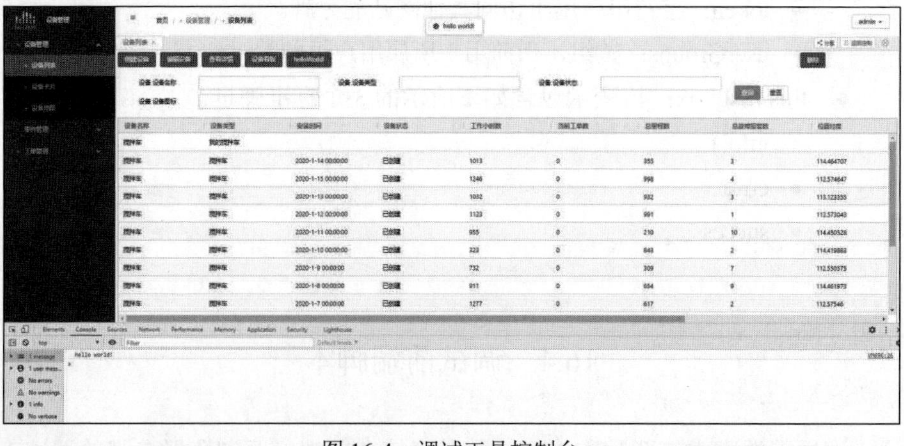

图 16-4　调试工具控制台

16.4.2 代码调试命令

代码调试可以单步查看程序的运行情况,在设备列表中打开 helloWorld! 按钮的属性操作配置,在最前面添加 debugger;命令(见图 16-5)。退出编辑工具返回到设备列表网页并刷新,单击 helloWorld!按钮,可以看见程序在运行该命令时,会自动停下来。单击按键可以单步执行代码,如图 16-6 所示。

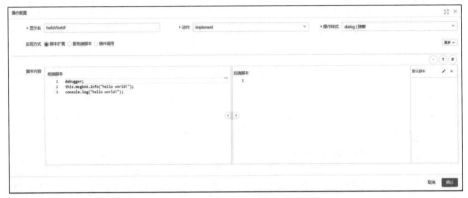

图 16-5　debugger 脚本命令

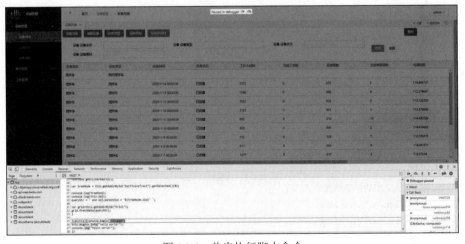

图 16-6　单步执行脚本命令

16.5　消息演示

在设备列表网页中,找到"返回定制"功能,进入设备列表的表单定制页面。从控件区拖曳一个按钮到第二个多列控件中,单击这个按钮,在右端属性区的"事件"中,单击"新增单击事件"图标,出现操作配置的弹框。填写显示名为"消息演示"(见图 16-7),选择动作为 implement,将图 16-8 中的内容输入"前端脚本"的空白区域中。在这段命令中,全局变量通常是从 this 入口,表示登录用户当前所处的环境。用户在实践过程中,会遇到字符串拼接的需求,例如,希望用一个模板打印出这个信息。模板中有一部分是变量,这个变量的取值在使用时可以替换成一段变量。通常在写代码时是通过字符串进行拼接的,在 JavaScript 中有个小技巧,就是使用反引号。在反引号里面加上符号${},然后把变量程序放入括号中,那么运行时,程序就会用变量取值代替括号中的内容,然后变成完整的字符串。第四行代码中的反引号括号中的内容应该指的是 admin,最后一行代码中反引号的内容显示消息是从服务器的 IP 地址传过来的。

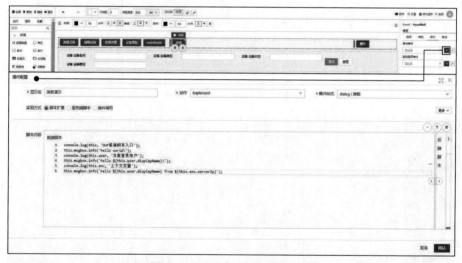

图 16-7　"消息演示"脚本设置

```
console.log(this, 'DWF 前端脚本入口');
this.msgbox.info('hello world!');
console.log(this.user, '当前登录用户');
this.msgbox.info(`hello ${this.user.displayName}!`);
console.log(this.env, '上下文变量');
this.msgbox.info(`hello ${this.user.displayName} from ${this.env.serverIp}`);
```

图 16-8　"消息演示"脚本代码

单击"确认"按钮,返回设备列表网页并单击"消息演示"按钮,可以看见执行了 3 行命令(见图 16-9),分别对应于第二、四、六行代码,其中第六行代码中服务器的 IP 地址在网址上有显示。

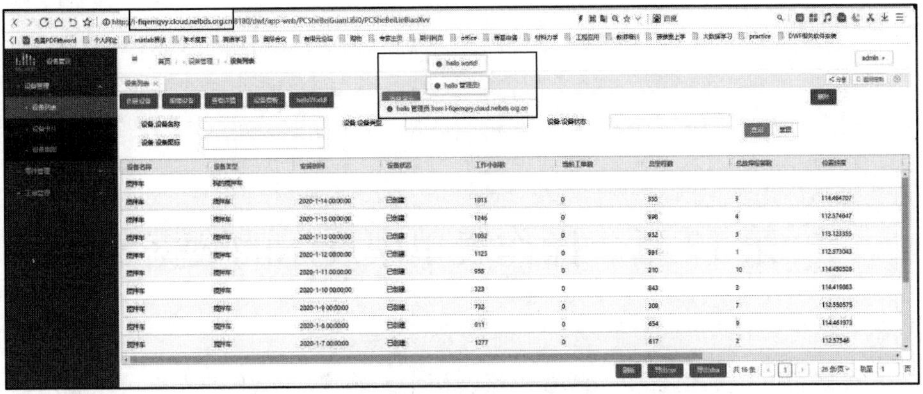

图 16-9　网页显示"消息演示"脚本命令

16.6　小结

本章首先介绍了脚本的基础知识，编写了最简单的脚本语言 helloWorld!，讲解了 DWF 中所有保留字的总入口 this，以及消息弹出所用的环境变量 this.msgbox，用于获取当前登录用户信息的环境变量 this.user，用于获取上下文信息的环境变量 this.env。然后介绍了两种调试程序的方法，一种是调试工具，另一种是 debugger 命令调试。最后在"消息演示"中介绍了一点 JavaScript 编程的小技巧，用反引号拼接字符串来代替参数的模板。

第 17 章 操作表单中展示的数据

在之前介绍的内容中,读者应该已初步了解到,DWF 的表单可以展示单个对象,也可以展示多个对象。每当表单显示在用户面前时,DWF 一方面按照表单的模板把表单的样子展示给用户,同时还通过与服务器通信,将用户希望展示的数据也填入表单中。这些填入表单中的数据就组成了前端数据。

17.1 基本概念

在 DWF 脚本中操作数据的目标就是当用户获取一个表单时,希望对于这个表单当前展示的对象,能够通过脚本去查看对象各个属性的取值。利用这些取值,可以自动做一些计算,进行一些值的校验,还可以修改一些值。

回顾最初 DWF 的数据模型概念,可以将其分为实体类和关联类。这两类数据模型都可以绑定属性,属性是对象特征的抽象。例如,名称、地址、年龄、编号等,每个属性用名称、数据类型、是否为空,以及长度和缺省值等来描述。而实质上的数据则是由实体类对象或关联类对象表示的。

同样,脚本中也可以获得表单中所展示的实体类/关联类的对象,这些对象在脚本中通过 JavaScript 对象标记的格式 JSON(JavaScript Object Notation)表示。

下面先介绍 DWF 前端脚本默认支持用于操作数据的关键字。

- this.className:字符串,表单所属的实体类或关联类的名称。
- this.obj:对象,表单中含有单个对象时,通过此变量访问当前对象。
  例如,访问设备名称(Asset 类)为 this.obj.assetName。
- this.selectedObjs:数组,表单中含有唯一的多对象控件时,通过此数组获得用户选中的对象。

17.2 脚本案例

下面举个例子，如果希望访问表格中被选中的对象，并且显示这个对象的 ID，首先需要把 selectedObjs、className 打印出来。if 条件语句的意思是，如果 selectedObjs 不为空，并且它的长度数组不为 0，那么显示选中对象的 ID 号。图 17-1 展示了用于查询访问对象的脚本。

```
console.log(this.selectedObjs, this.className);
if (this.selectedObjs) {
  if (this.selectedObjs.length > 0) {
    this.msgbox.info(`hello ${this.selectedObjs[0].id}`);
  }
}
```

图 17-1 前端多对象数据访问脚本

在 DWF 环境中验证这个脚本的命令。打开设备列表网页并单击"返回定制"，进入设备列表的表单定制页面，从控件区拖曳一个按钮到画布区的"消息演示"后面的多列控件中。然后单击该按钮，在右端属性区单击"新增单击事件"，弹出如图 17-1 所示的操作配置弹框。填写显示名为"设备选择"，选择动作为 implement，将图 17-1 中的内容复制到"前端脚本"的空白区域中，接着把选中对象的设备名称和 ID 号进行拼接，如图 17-2 所示。显示内容更改为 hello ${this. selectedObjs[0]. assetName}:${this. selectedObjs [0].id}，意思是"hello 设备名称：ID 号"。

图 17-2 设备选择

返回设备列表网页，刷新并选中一辆搅拌车，单击"设备选择"按钮，可以看见网页上出现了"hello 搅拌车 BC1010313121"字样，如图 17-3 所示。这里的"搅拌车"是设备名称，"BC1010313121"是设备 ID 号。

图 17-3　设备选择效果

如果访问的是单对象表单，那么就打印 obj、className 数据，并且如果 obj 不为空，网页上就显示当前对象的 ID 号。前端单对象数据访问的脚本如图 17-4 所示。

```
console.log(this.obj, this.className);
if (this.obj) {
    this.msgbox.info(`hello ${this.obj.id}`);
}
```

图 17-4　前端单对象数据访问

获得对象之后，如何往数据库写数据？DWF 中提供了一个脚本，用于更改数据。图 17-5 中的程序分别对应修改、删除和新增数据。第一个参数是修改的对象 targetObj，第二个参数是类型 targetClass，第三个参数是 showMessage，默认情况下不需要传递。执行完毕后，前端会出现一个信息提示。当 showMessage 为 false 时，进入静默执行的状态，不会弹出任何提示框。

```
this.edit(targetObj, targetClass, {showMessage:true/false});
this.delete(targetObj, targetClass, {showMessage:true/false});
this.create(targetObj, targetClass, {showMessage:true/false});
```

图 17-5　增删改对象信息

按照回调的方式调用图 17-5 中所示的 3 个函数，即会第一时间把请求发送到数据库。但是，这种修改是需要花费时间的，在对从后端到数据库的修改完成之前，界面会卡住，这样会影响用户体验，也会浪费工作时间。而在前端把工作解耦，就是在用户发出新的请求之后，系统立即响应用户的该请求，不会出现因处理数据库而卡顿的现象。等数据库修改完成之后，用函数来通知一下，这样调用这个函数时，就采用如图 17-6 所示的命令。

```
this.edit(targetAsset, targetClass).then(result=>{
  console.log(result);
  this.msgbox.info(`更改设备${targetAsset.id}的状态`);
  //刷新前端…
})
```

图 17-6　获取返回结果

先调用一个 edit，然后紧跟着执行 then 语句，then 语句里面的 result 不管成功失败都反馈一个结果，箭头函数的意思就是把 result 作为参数传入大括号中的代码内。传入 result 后，根据反馈结果是成功还是失败来决定后续的工作。程序中的弹框用于显示当前设备代号，也就是设备的状态。

图 17-7 中的脚本解释了如何删除选中的设备。if 条件语句用于查看是否有选择的对象 selectedObjs，如果这个对象的长度不为 0，并且声明了它的目标类和对象 targetClass、targetObj，则寻找这两个对象。如果删除成功，就返回 result，显示"删除设备"。

```
if (this.selectedObjs) {
  if (this.selectedObjs.length > 0) {
    var targetClass = this.className;
    var targetObj = this.selectedObjs[0];
    this.delete(targetObj, targetClass).then(result => {
      console.log(result);
      this.msgbox.info(`删除设备${targetObj.id}`);
    });
  }
}
```

图 17-7　批量删除选中的设备

更改设备的状态与删除设备类似，脚本如图 17-8 所示。其中，edit 函数用于选中目标设备和目标类，result 意指不管更改成功还是失败，先打印结果，然后告诉读者更改是否成功。图 17-9 显示了设备列表网页中更改设备状态的效果图。选择一辆搅拌车，然后单击"更改设备状态"按钮，网页上就出现了"更改设备 BC1010313121 的状态"字样。刷新网页会发现设备代号为 BC1010313121 的设备状态已更改为"已安装"。

```
if (this.selectedObjs) {
  if (this.selectedObjs.length > 0) {
    var targetClass = this.className;
    var targetAsset = this.selectedObjs[0];
    targetAsset.assetState = "已安装";
    this.edit(targetAsset, targetClass).then(result => {
      console.log(result);
      this.msgbox.info(`更改设备${targetAsset.id}的状态`);
    })
  }
}
```

图 17-8　更改设备的状态

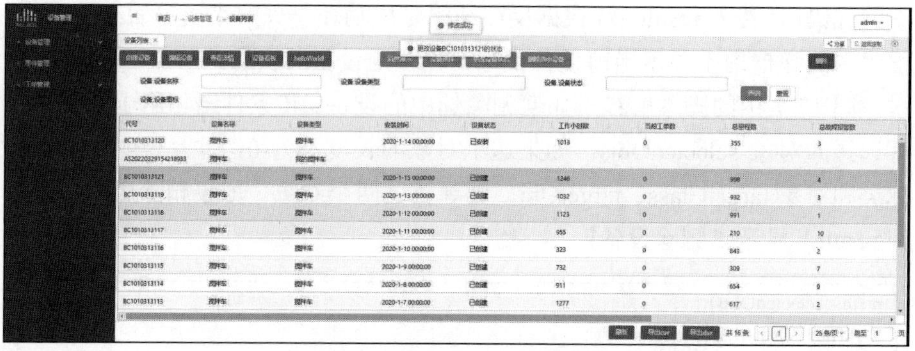

图 17-9　更改设备状态效果图

从设备列表网页中删除设备的效果图如图 17-10 所示。选择一个设备搅拌车，单击"删除选中设备"按钮，网页上出现了"删除设备 AS20220408142543214"字样，设备的 targetObj.id 就是 AS20220408142543214。刷新网页后会发现设备 ID 号为 AS20220 408142543214 的搅拌车已经消失，表明它已被删除。

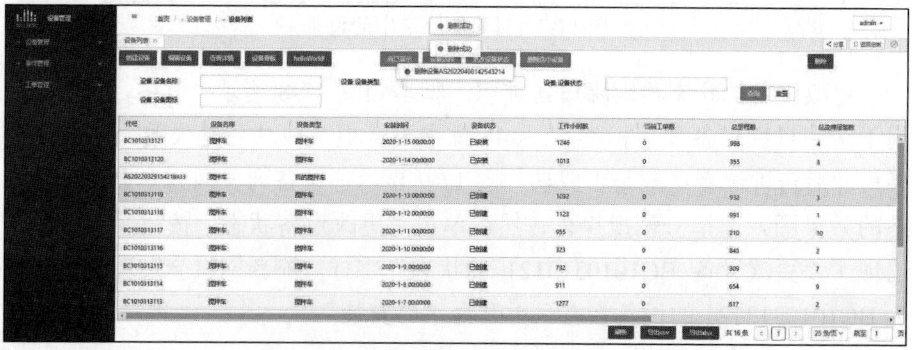

图 17-10　删除设备效果图

17.3 批量查询

批量查询的方法比较多，如果打开 DWF 的 REST API，就可以看见数据建模完成之后，有各种查询的方法。后续的可视化会用到查询树形结构的方法，一般都是采用 this.handleQueryData 来进行查询。这种方法需要用到一个 JSON 对象，就是 queryParams。图 17-11 中展示了用于提供此类查询的目标类型的调用方式。有几个查询参数：第一个是 targetClass，第二个是 queryObjReq，这个 queryObjReq 作为进一步查询的条件，同样也用 JSON 格式表示。其中 condition 是一个字符串，内容为以 and 开头，obj.作为前缀形成的快速查询条件。这里需要注意，查询条件内部的字符串常量应使用单引号的字符串，否则在数据库内部会引起语法错误。startIndex、pageSize 是和翻页有关的，指的是从第几条数据开始查询，每页大小是多少。如果查询成功，则返回结果 res 表示被查出的对象数组。

```
let queryParams = {
    targetClass :"Asset",
    queryObjReq: {
        condition: "and obj.name = 'xxx'",
        pageSize: 4,
        startIndex: 0,}
};
this.handleQueryData(
queryParams
}).then((res) => {
    let objs = res
    ...
});
```

图 17-11　批量查询对象数组

17.4　批量增删改

除了批量查询，一次性对对象进行批量增删改操作也是一类典型的场景。在 DWF 的前端脚本中提供了 this.cudBatchObjs 函数，如图 17-12 所示。该函数要求传递一个数组，该数组中的每个对象代表针对一个实体类或关联类的一批对象而进行的增删改操作。

图 17-12 中的代码展示了批量变更设备状态的一种调用方式。其中 cudEvents 数组中包含一个函数，数组中的每一个元素都是一个 JSON 对象，其中 action 属性取值为'update'时表示批量更新，取值为 className 时表示更新设备实体类 'Asset'，取值为 objs 时表示需要被更新的设备对象数组。

```
let targetClass = "Asset";
if (this.selectedObjs) {
    if (this.selectedObjs.length > 0) {
        var assets = this.selectedObjs.map(asset => {
            return {
                oid: asset.oid,
                assetState: '运行中'
            }
        });
        var cudEvents = [
            {
                action: 'update', className: 'Asset', objs: assets
            }
        ];
        this.cudBatchObjs(cudEvents).then(res =>{
            var addins = this.getTargetAddin();
            addins.forEach(x => {
                x.freshData();
            })
        })
    }
}
```

图 17-12　批量增删改对象

注意，在 cudEvents 数组中，除了用'update'这种方式执行批量更新，也可以在 cudEvents 中增加其他动作。DWF 提供的动作包括如下几种。

- create：批量新增，objs 数组中的对象不必带有 oid 属性。
- update：批量更新，objs 数组中的对象都必须带有 oid 属性，否则 DWF 无法确定需要更新哪个对象。
- createOrUpdate：如果不存在则新增，如果存在则更新，此时要求 objs 数组中的每个对象都必须带有 oid 属性。
- delete：批量删除，此时不需要提供 objs 数组，仅提供 oids 数组即可。

最后的 this.getTargetAddin()用于返回当前按钮上设置的目标多对象控件。freshData()表示刷新其中的内容，在后续章节中将进行介绍。

17.5 小结

本章讲解了对数据的操作，需要读者掌握有关对象引用、数据操作的知识，了解一些 JavaScript 的技能。this.obj 指的是当前表单被选中的对象，this.selectedObjs 指的是如果有多对象表格或者多对象卡片，会返回表单中被选中的对象。obj 属性名如果出现在实体类表单中，直接通过"obj.[属性名]"即可访问；如果是关联类的表单，就通过"obj.left_[属性名]、obj.right_[属性名]、obj.relation _[属性名]"访问，并可以直接取值。

对后端数据库的操作，介绍了 create、edit、delete 和 handleQueryData，其中 handleQueryData 要求输入查询条件的 JSON 对象，包含 3 个参数(targetClass、query、freshData)。query 中有查询语法，可以控制翻页大小和起始页面。另外，还介绍了箭头函数的小技巧，形式如"then(x => {...})"，它会将 x 作为参数传入右边的代码中。

最后，为了批量增删改对象，DWF 提供了 cudBatchObjs 函数。该函数接收一个代表增删改的数组，其中的每个元素都表示针对一个指定实体类或关联类的同一批对象而进行的增删改操作。

第 18 章 控制表单控件的行为

当打开 DWF 建模工具的表单编辑器时,会看见左侧的表单控件区。一般情况下,对这些控件进行配置即可;但是也存在一些特殊的逻辑需要实现,例如,希望根据当前编辑对象的取值动态地显示或隐藏一部分控件,或者让某些控件进行刷新。要实现这些功能,首先需要从脚本中找到我们希望用程序控制的控件,然后需要控制这些控件。DWF 的表单控件包含单对象控件、多对象控件、可视化控件、布局等,如图 18-1 所示。

图 18-1 表单控件

18.1 基本概念

18.1.1 表单

表单是用于展示实体类对象的界面模板,表单模型通过建模工具(modeler-web)定制,形式包括属性的展示方式和布局方式。主要包括以下三个函数字符串。

- this.displayType：字符串，表示打开表单时被展示表单所处的状态，包含 3 种可能的取值。
  - create：只是为了在新建一个对象时展示的表单，表单中无数据。
  - edit：已经存在需要展示的对象，需要编辑以便保存。
  - visit：只是为了查看而展示的表单，不允许修改。
- this.getAddinById()：表单打开后的定位控件函数，会返回一个变量，用户可以通过对变量进行调用来修改控件的行为。DWF 表单引擎为每个控件都默认提供了一个唯一的代号，用于在表单实例化后定位控件以获得其引用。
- this.getSourceAddin()：类似于 this.getAddinById() 的调用方法。不需要使用任何参数就可以获得用于触发事件的控件。在 DWF 中可以复用一段操作，用于在表格双击、按钮单击时执行同样的逻辑。这样做会减少代码量，但带来的问题是用户希望知道是从表格中打开程序还是从按钮中打开程序。通过 getSourceAddin() 可以获取这个信息，也就是当多个控件的事件复用相同操作时利用这个函数可以实现。

18.1.2 控件

控件设置指的是用于设置目标属性的特征。用于设置控件的行为称为控件事件，每个控件包含若干事件，事件和操作绑定后，就可以开发脚本控制表单的行为。用于设置控件外观样式的是控件样式。主要包含以下几种函数。

- setValue() 和 getValue()：单对象控件都有这两个函数，可以获取表单上控件的取值。控件展示以后，用户通过与控件交互可以获得控件的取值。
- setError()：该函数用于高亮显示取值有误的控件，就是在控件外层自动添加高亮的错误提示，然后给出一段提示指出这个地方有误。
- args：该数组用于获取和设置控件的信息，对选项区的设置可以通过 args 来进行。不同控件有不同的 args。可以通过 console.log 打印，然后查看具体数值并进行修改。args 的取值有如下两种。
  - hided：这个开关变量用于确定控件是否需要隐藏。
  - readonly：这个开关变量用于设置控件是否只读。

18.1.3 按钮

按钮只有绑定一个有意义的操作，才能实现一个具体的业务。本章主要介绍如下按钮函数命令。

- this.getTargetAddins()：返回按钮绑定的多对象控件。

18.2 单对象表单脚本案例

显示和隐藏的功能实现在图 18-2 所示的代码中。首先，利用 getAddinById 获取文本框代号控件 TextInput2，之后直接对数组 hided 求反赋值，这样选中的控件就会消失，或者消失的控件会立刻显示。

打开设备管理网页，找到设备列表，可以看见"创建设备"选项卡。单击该选项卡创建设备并返回定制，从控件区拖曳一个按钮到画布区的基础属性上，在右端属性区单击"事件"以设置显示与隐藏事件，并将图 18-2 中的内容复制到前端脚本中。此处以控件代号为例，单击"操作配置"的右端类属性集(见图 18-3)，在控件树中找到"文本框代号"并单击，可以看到控件代号和控件脚本都已出现，单击"复制"按钮就可以把控件脚本的命令复制到前端脚本中。该脚本的意思就是获取控件的代号，第二条命令就是对这个控件代号对应的数组进行隐藏并取反，即原本显示的现在隐藏，原本隐藏的现在显示。

```
addin = this.getAddinById("TextInput2");
addin.args.hided = !addin.args.hided;
```

图 18-2　控件的显示和隐藏

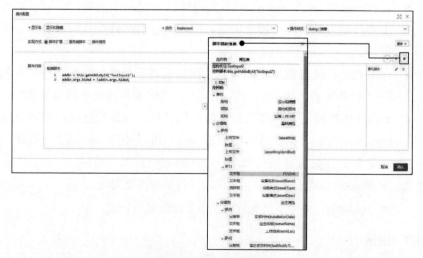

图 18-3　显示和隐藏事件

图 18-4 所示是第二种查询控件代号的方法。通过单击文本框的"代号",右端选项区会出现这个文本框的控件代号。设置完成后返回设备列表的网页,单击"创建设备"选项卡,填写代号、设备名称、设备类型,并且单击"显示与隐藏"按钮,会发现文本框代号消失了,继续单击"显示与隐藏",会发现文本框代号又出现了(见图 18-5)。

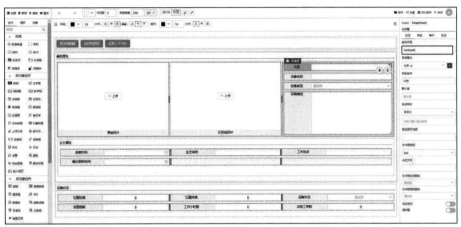

图 18-4 控件代号查询

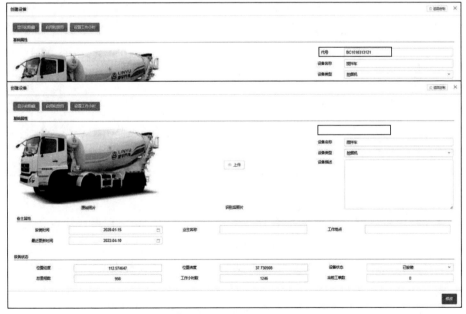

图 18-5 代号的显示与隐藏

图 18-6 中的脚本实现了控件禁用和开启的功能。getAddinById 用于获取控件，然后打印这个控件对应的数组，使用 readonly 给这个控件赋值，最后用 setValue 根据控件数组是否可编辑给出提示，本案例中该提示就是"我自闭了"或"我想开了"。图 18-7 是在打开设备列表网页创建设备时看见的启用和禁用案例，单击"启用和禁用"按钮，在代号的文本框中会出现"我自闭了"，继续单击就出现"我想开了"。

```
addin = this.getAddinById("TextInput2");
console.log(addin.args);
addin.args.readonly = !addin.args.readonly;
addin.setValue(addin.args.readonly? "我自闭了":"我想开了");
```

图 18-6 禁用和开启控件

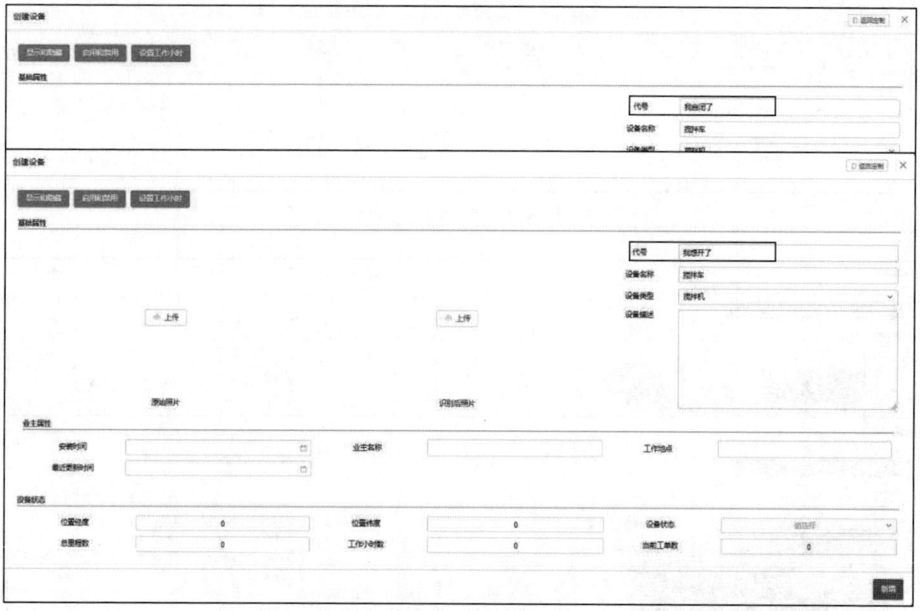

图 18-7 启用和禁用事件

控件还可以做一些计算，图 18-8 中的脚本展示了如何根据已知设备的安装时间计算工作小时数。完成该计算需要使用两个控件，一个是用于计算工作小时数的控件，另一个是用于设置安装时间的控件。首先要设置当前时间，if 条件语句的意思是如果安装时间设置有值，就按照公式计算工作小时数；如果安装时间没有设置值，就直接用 setError 注册"安装时间未设置"。

```
targetObj = this.obj;
    workHoursAddin = this.getAddinById("NumberInput6");
installDateAddin = this.getAddinById("DateInput1");
currentDate = new Date();
installDate = installDateAddin.getValue();
if (installDate){
    workHoursAddin.setValue(parseInt(currentDate - installDate) / 1000 / 3600);
} else{
    installDateAddin.setError(true,"安装时间未设置");
}
```

图 18-8　获取和设置取值

图 18-9 是用设备列表网页设置工作小时事件的案例。如果不设置安装时间，那么单击"设置工作小时"按钮，就会发现安装时间控件标红并且注明"安装时间未设置"；如果选择一个安装时间，那么"工作小时数"数字框中就会出现从安装时间到当前时间的工作小时数，计算方法就是用 if 条件语句中关于工作小时数的计算公式。

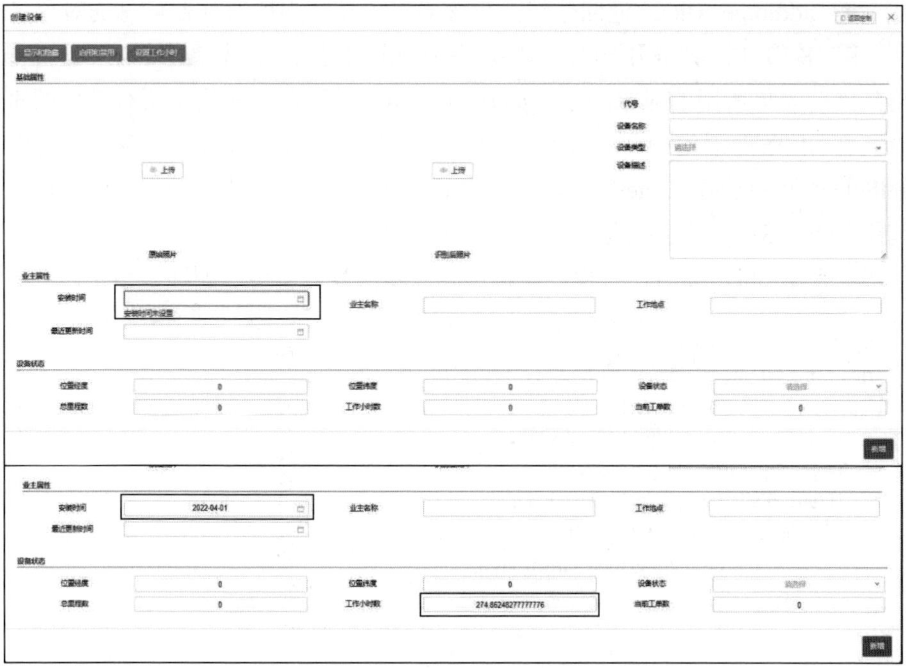

图 18-9　设置工作小时事件

18.3 多对象表单脚本案例

多对象表单提供了一系列的标准函数来完成一些常见的工作。多对象控件的引用名为 addin。

- addin.freshData()：强制多对象控件进行刷新。
- addin.freshData(query)：可以传入一个变量，用于控制多对象控件按照过滤条件更新。关联结构树的左树右表结构就是用这个函数来实现的，例如，在左边关联结构树中选中一个节点，那么右边的表格将根据左边选中的节点刷新，也就是根据 query 去调用函数，用 freshData 去刷新表格。
- addin.getSelected()：与 this.selectedObjs 比较类似，区别是 getSelected 是针对一个特定的对象控件，返回结果是数组并且包含多对象控件中被用户点选的对象。
- addin.getAll()：返回数组，包含多对象控件中所有前端可见的对象。

图 18-10 中的脚本用于批量删除表格中选定的对象。首先通过 this.className 得到当前表单所用的对象类型，getTargetAddin 用于获取表格中所有控件的引用。在 if 条件语句中，首先给第一个表格取反，然后将第二个表格选中的 getSelected() 提供给 targetObjs，最后将 delete 与 forEach 放在一起使用。这个调用是 JavaScript 提供的遍历数组的一种方法，用箭头函数把每个数组中包含的对象传给 obj，然后传入程序，调用 delete 函数，就可以删除表格了。

```
targetClass = this.className;
grids = this.getTargetAddin(); //获得表格控件的引用
if (grids && grids.length > 0) {
    grids[0].args.hided = !grids[0].args.hided;
    targetObjs = grids[1].getSelected();
    if (targetObjs && targetObjs.length > 0) {
        targetObjs.forEach(targetObj => {
            this.delete(targetObj, targetClass);
        });
    }
}
```

图 18-10　批量删除选中的对象

在图 18-11 所示的设备列表网页中，单击"返回定制"，将控件区的一个表格拖曳到画布区中，并在右端属性区单击"事件"，从而创建用于删除选中设备的事件，将图 18-10 中所示的内容输入前端脚本中，返回设备列表网页。

单击"删除选中设备"按钮，发现拖曳的那个表格不见了，因为脚本中对这个表格取反，让这个表格隐藏了，继续单击就会出现。在第二个表格中选中一辆搅拌车，单击它之后刷新发现也消失了，因为这辆搅拌车已被删除了。脚本中将这个删除设备的命令传递给 targetObj，从而完成对这个事件的操作。

图 18-11　删除选中设备及隐藏表格

18.4　小结

本章主要讲解如何使用脚本来控制控件中的对象，主要的关键字包括表单的状态，也就是 this.displayType。然后是 getAddinById，这里提到的一个技巧就是如何通过脚本辅助函数来查找相应的程序，其中 getSourceAddin 用于说明谁触发了事件，getTargetAddin 则设置了目标以及目标的控件。单对象控件的基础函数有 addin.setValue()、addin.getValue()、addin.setError()，而 addin.args 包含 hided、readonly 等参数。多对象控件有 4 个基础函数可以调用，分别是 addin.freshData()、addin.freshData(query)、addin.getSelected()、addin.getAll()。另外，本章还介绍了如何在表单中得到控件的引用，以及如何修改控件的行为。

第 19 章 跨表单数据传递

前面章节讲解了全局变量、全局函数，我们了解了如何操作数据，获得表单上对单对象控件、多对象控件的引用，修改控件的行为，以及如何获取多对象控件中被选中的对象和展示的对象。本章主要讲述数据传递的问题。

19.1 操作的生命周期

本节讲述跨表单的数据传递，如图 19-1 所示。在操作按钮控件时，可以绑定一个操作，并且可以通过前处理脚本对弹出的后续表单中的数据进行初始化。了解操作按钮的生命周期和脚本之间的关系之后，可以大幅度提高多对象控件与后续关联表单的交互体验，如初始化弹框的内容等。

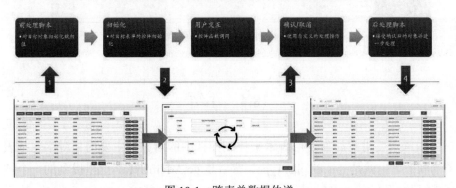

图 19-1　跨表单数据传递

操作按钮时在弹框前和弹框后的生命周期中可以进行多种操作，如弹出一个设备详情，然后对设备详情页编辑后返回。这里有几个重要的时间点，第一步是表单打开前为即将打开的表单提供初始化的数据，要对这些数据赋值；第二步是表单本身在启动时，需要进行一些个性化的初始化工作。例如，设定一些刷新用的定时器、展示一个看板等；第三步是和用户进行交互，在这个交互过程中，对脚本进行设置。例如，显示和隐藏或者根据输入数据计算工作小时数等；第四步是用户单击"确定"或"取消"按钮，返回刚才的网页；第五步是关闭这个页签，当然关闭后还需要进行一些善后的工作。这五步就是操作按钮的整个生命周期。

19.2　表单打开前

表单打开前的脚本涉及对象初始化的工作，就是需要使用 return 语句。该语句中包含一个 JSON 对象，它对名为"obj:"的属性进行赋值，意思就是显示即将打开的表单 this.obj 包含什么内容，通过这样的方式可以初始化表单的内容。在 obj:{}中可以设置一些其他属性的默认值，如 query、data 等属性。query 属性可以用于在弹框出现之前附加额外的全局过滤条件，如果表单中只有一个表格，就可以用这个过滤条件去 freshData 这个表格，data 属性带有一些附加的变量以便对表单初始化。

下面是一个例子。在图 19-2 展示的脚本中，有两个属性。第一个是目标设备的 Oid，即当前被选中的、即将被打开工单的搅拌车的 Oid。"创建工单"中的"故障设备"是针对 assetOid 的，可以将这个脚本初始化为被选中的搅拌车。第二个是 woTitle，该属性设置了"输入维修规程"。

```
if (this.selectedObjs && this.selectedObjs.length > 0){
    return {
        obj: {
            assetOid: this.selectedObjs[0].oid,
            woTitle: "输入维修规程"
        }
    }
}
```

图 19-2　表单打开前

打开设备列表网页，单击"返回定制"。单击表格，在右端属性区的目标类下有个"选择属性"选项，单击"选择属性"下方的操作列，然后单击表格中操作列的右端，弹出操作列设置面板。在该面板中新增一个按钮，在"绑定操作"中单击"新增操作"按钮，弹出如图 19-3 所示的操作配置对话框。在该对话框中填写显示名为"创建工单"，选择动作为 create，目标类为"工单"，选择表单名称为 SingWO，在表单打开前的前端脚本中复制图 19-2 中的内容。单击"确认"按钮并返回设备列表网页，选中一辆搅拌车并单击"创建工单"，可以看见创建工单网页中显示有初始化的故障设备，工单标题为"输入维修规程"，这些是在脚本中设置的。

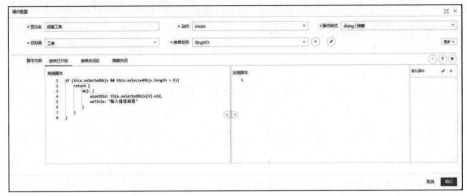

图 19-3　创建工单

19.3　初始化和默认操作

表单本身无论是被按钮打开，还是被表格打开，都可以对它进行初始化的工作，初始化是一个 implement 操作。例如，将工单截止日期设置为当前时间默认加 3 天，脚本如图 19-4 所示。其中，getAddinById 用于获取控件，deadline 表示当前时间，setDate 用于重新设置一个时间，这是 JavaScript 中的 data 数据类型自带的函数，图中函数的参数中通过"+3"这种表达方式，表示向后推三天。调用 setValue 就是将设置的时间向后推三天。

```
var addin = this.getAddinById("DateInput1");
var deadline = new Date();
deadline.setDate(deadline.getDate() + 3);
addin.setValue(deadline.getTime());
```

图 19-4　表单的初始化

打开"创建工单"的"操作配置"弹框，找到名称为 SingWO 的表单，单击"编辑"按钮进入工单的表单定制页面。如图 19-5 所示，在最上面单击"基础配置"，弹出"基础配置"的弹框，然后在初始化操作中单击"新增"按钮，弹出"操作配置"框图。填写显示名为"初始化工单"，选择动作为 implement，将图 19-4 中的内容复制到初始化工单中，单击"确认"按钮，返回到设备列表网页。再单击"创建工单"，可以看见截止日期的显示框中显示的正好是第三行命令中的截止日期加 3 天。

图 19-5 初始化工单

表单默认操作就是当弹框的表格内容中出现空白时，直接禁止关闭这个弹框。图 19-6 中的脚本首先获得一个控件，这个控件的内容要求是必填项，然后获得这个控件的标题内容。if 条件语句的意思是如果标题为空，那么设置 setError 并显示"内容为空"，并且返回错误"当前弹窗保存时发生错误，该 Dialog 窗口不能关闭！"；如果标题不为空，就正常返回，允许弹框关闭。在"创建工单"的表单定制页面中，找到"基础配置"（见图 19-5）。在初始化工单下有个默认操作，单击"新增"按钮，填写显示名为"检查并创建"，选择动作为 implement，将图 19-6 中的内容复制到"检查并创建"中，单击"确认"按钮返回到设备列表网页。选中一辆搅拌车，单击"创建工单"，将工单标题的内容删除，会发现如果单击右下角的"检查并创建"，工单标题就会标

```
var titleAddin = this.getAddinById("TextInput1");
var title = titleAddin.getValue();
if (title == null || title =="") {
    titleAddin.setError(true,"内容为空");
    return {
        error: '当前弹窗保存时发生错误,该 Dialog 窗口不能关闭!'
    }
} else {
    this.create(this.obj, this.className);
}
```

图 19-6 表单默认操作脚本

红、显示内容为空并且无法关闭弹框。恢复工单标题的文字后,"创建工单"的弹框则可以正常关闭,脚本的内容就是工单标题的文字。必须保留该文字,如果删除就无法创建新的工单。

19.4　自定义弹窗和默认操作

表单的默认操作表示无论在什么场合下单击弹窗,都会带有这个位于弹窗右下角的"默认操作"按钮,一般情况下基本够用。如果不希望"默认操作"按钮的位置被固定在右下角,并且在多处交互的过程中需要进行校验和关闭弹窗,就需要进行额外的设置。所以在配置弹窗操作时 DWF 提供了额外的高级选项以便隐藏默认操作或者自定义弹窗。

如图 19-7 所示,可以通过展开操作的方式显示默认操作的开关,并且设置弹窗宽度的百分比。

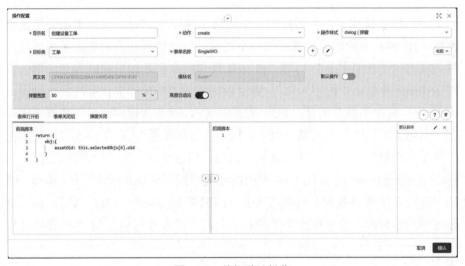

图 19-7　关闭默认操作

如果操作样式是弹窗,那么利用 this.closeDialog()将弹框内部设置的自定义按钮通过脚本关闭。而 this.closeDialog(data)是在手动关闭弹窗的同时,将 data 带回表单,并在表单关闭后通过 this.confirmData 访问关闭后带回的数据。读者可以通过单击按钮并添加命令来实现弹窗关闭的事件。closeDialog(data)会把数据带回上一层的表单,然后通过上一层表格中包含的 confirmData 函数可以引用上一级的数据。

19.5　表单关闭后

表单关闭属于善后的工作，如图 19-8 所示的脚本把设备对应的工单数增加了 1，用 this.edit 把设备工单存到数据库。然后用 freshData 刷新，就是把使用 getAddinById 获得表格的控件进行了刷新。

```
if (this.selectedObjs && this.selectedObjs.length > 0){
    targetAsset = this.selectedObjs[0];
    targetAsset.woCount += 1;
    this.edit(targetAsset, this.className).then(r => {
        grid = this.getAddinById("Grid1");
        grid.freshData();
    })
}
```

图 19-8　表单关闭后脚本

打开设备列表网页，单击"返回定制"，单击表格并在右端属性区的目标类中单击"选择属性"下方的操作列，然后在表格中操作列的右端单击，弹出操作列设置面板。在该面板中新增一个按钮，在绑定操作中单击"新增操作"按钮，弹出一个"操作配置"的弹框。填写显示名为"创建工单"，选择动作为 create，目标类为"工单"，表单名称为 SingWO(见图 19-9)，并在表单关闭后的前端脚本中复制图 19-8 中的内容。单击"确认"按钮并返回设备列表网页(见图 19-10)，选中一辆搅拌车并单击"创建工单"按钮，可以看见选中的搅拌车的当前工单数相比之前增加了一个。至此，跨表单的数据传递操作基本完成。

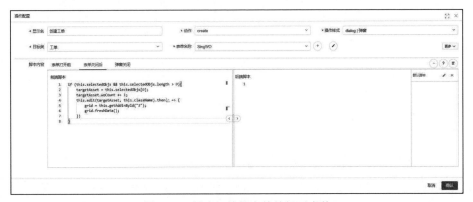

图 19-9　创建工单的表单关闭后事件

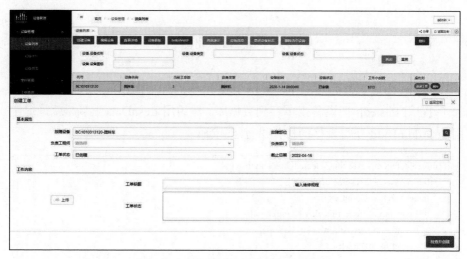

图 19-10　表单关闭后的搅拌车工单数

19.6　小结

本章主要讲解跨表单的数据传递。首先介绍在表单打开前对故障设备及工单标题如何进行设置，这样创建工单时就会默认出现这些信息。然后介绍表单初始化和默认操作，对表单截止日期的操作及工单标题内容为空时的处理情况。最后介绍表单关闭后工单数的增加及表格的刷新等操作。

第 20 章 调用后端脚本

前面介绍的前端脚本，无论是访问数据，还是操作控件抑或是跨表单的数据传递，默认都是运行在浏览器或者手机上的。在前后端分离的架构中，这些脚本均属于前端范畴。然而，如果要执行一些需要消耗计算资源或者需要调用同样是部署在后端的其他系统中的数据时，就需要后端脚本来负责完成任务。因为脚本是在服务器上运行的，服务器的计算能力比手机、笔记本还是强很多，借用服务器完成计算，速度会大幅提高，这样前端就不会因为要处理很复杂很重要的任务进而导致崩溃。

20.1 编写后端脚本的位置

DWF 环境中有两个地方可以编写后端脚本。一个是在数据模型中，就是当实体类、关联类对象在增删改时可以允许附加后台事件，调用脚本完成特定任务。例如，删除设备的同时删除设备上的工单。

另一个允许添加后端脚本的场合是，通过操作绑定的方式执行，也就是说在表单上出现的事件或者按钮均可触发后端脚本。由于使用操作的概念来封装脚本，就意味着在按钮、弹框打开前和关闭后都可以实现一段自己的后端脚本来达到和服务器通信的目的，这样后端脚本的灵活性就提高了很多。

熟悉数据库的读者会感觉 DWF 后台事件有点像数据库的触发器，从定位上来看它的确和触发器有相似之处，设计类事件处理的目的如下。

- 数据库本身的触发器功能是和数据库紧密绑定的，一旦换一个数据存储，就没有这个功能了。
- 数据库的触发器要求用特定存储过程语言进行扩展，这对用户的要求又进一步提高了。除了掌握 JavaScript、CSS、HTML、Java 和 SQL，还要掌握存储过程的语法，这样难度会进一步提高。但是如果用后端脚本的事件机制来解决该问题，只要会 JavaScript 就可以。

20.2 后端脚本的关键字

后端脚本的关键字与前端脚本基本一致,所使用的语法仍然选择 JavaScript 语法,总入口也是 this。后端脚本的环境变量是 this.user、this.env、this.env. appConfig,其中 this.user 表示当前登录用户,this.env 表示当前上下文的环境信息,this.env.appConfig 表示用于进行应用配置的数组。这些关键字的用法和前文中的 16.3 节一致。

在后端脚本操作中,也可以使用 17.1 节介绍的关键字来访问数据。

- this.obj:是当对象发生变化(如增删改)时,可以引用该变量的取值。
- this.selectedObjs:前端表格或其他多对象选择的对象。

此外,与前端脚本相比,后端脚本中提供了额外的关键字。

- this.omf:用于在脚本中访问数据服务的入口对象,分别在 this.omf 后面添加 create、delete、edit 函数来完成对象的增删改。
- this.em:如果希望在后端直接访问数据库,例如,一个非常擅长 SQL 语句的用户,也可以用 this.em 来访问 DWF 的数据库,这个是前端脚本没有的功能。
- this.logger:用于在调试脚本中输出消息,如 this.logger.info ("message") 指的是可以在脚本中看到输出。
- this.sh:这个语法可以启动操作系统内部的命令行脚本,如 this.sh.execute("echo hello world! ")或者要执行一段 Python 脚本,如果脚本是由数据科学家或是数据分析团队编写的,就可以通过单击按钮的方式运行这个脚本以获取数据。

最后,在类的增删改后端"事件"中,后端脚本操作数据的方式与前端脚本相比,多了一个 this.oldObj,这是进行删除或修改时原有的对象引用。

20.3 调试后端脚本

调试后端脚本的主要方法是看日志。打开 DWF 环境,在"系统管理"中有个"脚本日志"选项。在脚本日志中,可以看见后端输出的脚本信息,其右端有个十字标志,打开这个十字标志,日志的内容就会显示在网页上(见图 20-1)。操作前端时,脚本日志就可以打印一些脚本信息。在"数据模型"的"实体类管理"中,打开工单,单击"编辑实体类信息"。选择"事件",

并在创建事件后写入后端脚本内容"this.logger.info("创建工单");"。然后在设备列表网页单击"创建工单",在"系统管理"中就可以看见所创建工单的信息(见图20-2)。当然,在后端脚本中也可以设置断点,用于查看变量的取值。

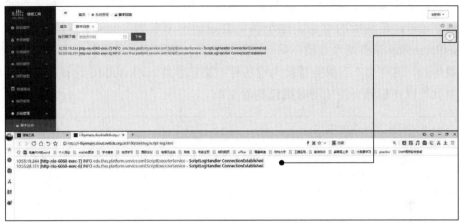

图 20-1　脚本日志

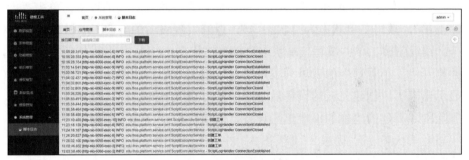

图 20-2　创建工单信息

20.4　级联删除工单

对于数据模型的后端事件,如打开设备并在设备里面删除一个指定类型的数据,一般要做一些级联操作,如删除一个设备,那么附属设备的工单就要进行级联删除。

在 DWF 环境下,找到"数据模型"中的"实体类管理",选中设备并单击"编辑实体类"按钮,接着单击"事件"后的空白区域并复制图 20-3 中的内容。图中的第一行代码是对应的即将被删除的对象的标识符。if 条件语句表示如果这个唯一标识符不为空，就需要写一段 SQL 语句。this.em.createNativeQuery 是等待创建 DWF 数据库所用的一条原生查询，原生查询的内容是"delete from plt_cus_workorder where plt_assetoid = ?"。在 DWF 的数据库中，针对这个工单表，其中 where 是列名，前面加了属性的下画线。"？"表示等待输入的参数。query 是调用的意思，这个调用会返回一个名为 query 的对象。函数 setParameter 带有两个参数：第一个是顺序号，将刚刚被删除的设备号作为参数传入，这样"？"就会替换为设备号；第二个是 curAssetId，这样在数据库中就可以在删除设备的同时批量删除工单。

```
var curAssetId = this.obj.oid;
if (curAssetId) {
    var query = this.em.createNativeQuery("delete from plt_cus_workorder where plt_assetoid = ?");
    query.setParameter(1, curAssetId)
    query.executeUpdate();
}
```

图 20-3　级联删除工单脚本

打开设备列表网页，单击"创建设备"，新建一个设备名称为"你的搅拌车"，设备类型为"搅拌车"的新设备。然后选择这个新建的设备，单击"创建工单"，填写工单状态为"状态 1"，返回发现设备的当前工单数增加了 1 个。继续创建工单并填写工单状态分别为"状态 2""状态 3"，然后退出刷新并打开"工单管理"的工单列表，可以发现刚才创建的工单都在工单列表中显示出来了。创建完新的设备后，开始验证级联删除功能。打开设备列表，删除刚才新建的"你的搅拌车"设备，然后刷新。打开工单列表，发现工单状态为"状态 1""状态 2""状态 3"的工单全部消失了(见图 20-4)，说明刚才新建的这个设备的工单都被级联删除了。

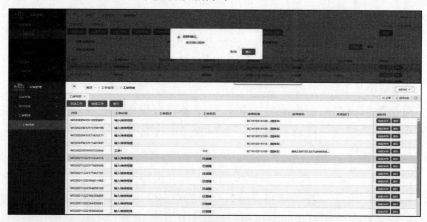

图 20-4　级联删除工单效果

20.5　前后端脚本的相互配合

在一个操作脚本中或者是在表单打开前或关闭后的脚本中，如何让前端、后端脚本相互配合完成目标呢？在设备列表网页中，单击"创建设备"，有个"识别并刷新"的按钮，其作用实际上就是用后端脚本来识别图片。本节不准备详细阐述用来识别并刷新图片的脚本，只重点说明前后端脚本如何相互配合。单击"创建设备"选项卡中的"返回定制"进入表单定制页面，找到"识别并刷新"按钮，选中并在右端事件中编辑"识别并刷新事件"。进入操作配置页面，可以看到操作配置中前端脚本(如图20-5所示)的第二行有个 callServer，这个函数会在第一时间调用后端脚本，后端脚本的 this.obj 就会获取当前设备的对象，然后继续调用人工智能的服务。之后，就会以字符串的形式返回结果。返回结果是用 res 来标识的，这样前端脚本的 callServer().then() 就获取了 res 的信息，然后 res.data.data 就把数据导入前端脚本，这时控制前端去刷新，就实现了这个识别设备图片的功能并刷新结果。

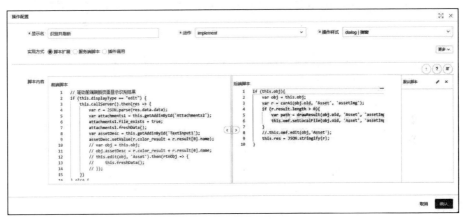

图 20-5　前后端脚本的相互配合

20.6　小结

后端脚本的用法与前端脚本的用法大致相同，也是有一个总入口 this，该入口是后端所有涉及 DWF 变量的总入口。后端脚本的环境变量 this.user、this.env 与前端脚本的差不多，this.user 表示当前登录用户，this.env 表示当前环境的信息。在环境信息中还有 appConfig，是用于配置应用的数组。此外，还有系统变量 this.logger，现在主要用于调试输出。在 logger 中主要介绍了如何打开调试工具，使用的是 this.logger.info ("message")。this.sh 指的是用于启动操作系统内部的命令行脚本，如 this.sh.execute("echo hello world!")，通过这种方法可以集成 Python 之类的脚本。

对数据的操作，包括 this.obj 是指当对象发生变化时(如增删改)可以引用该变量的值。this.oldObj 指发生删除或修改操作时原有的对象引用。如果用到 this.selectedObjs，那么前端表格或者其他多对象选择的对象也会被传给后端脚本。this.omf 是用于对象增删改的总入口，包括 getByOid(oid, classname)、edit(object, classname)、create(object, classname)、delete(object, classname)。this.em 是访问数据库的 EntityManager。createNativeQuery 用于返回一条查询语句中的对象。setParameter()用于设置查询语句中的参数。executeUpdate()用于执行更新数据库的操作。

第 21 章 数据可视化

DWF 表单定制功能提供了基础的可视化组件，但是，当遇到高级可视化的需求时，使用普通可视化控件就很难完成任务。为解决这个问题，DWF 在表单控件区的可视化部分中提供了自定义控件，该类控件可以将 Apache Echarts 项目中的配置嵌入到表单中。DWF 的可视化控件包括混合图、散点图、饼状图以及省份地图等。此外，还包括 Apache Echarts、RESTful API 等。

21.1 控件介绍

在 DWF 中，围绕可视化默认提供了以下控件。
- 混合图：用于综合显示多个实体类对象的属性并叠加，其属性有目标类，具体为希望显示的数据类别。
- 散点图：用于查看分散的对象在横纵坐标的分布情况，其属性主要是 X 轴及 Y 轴。
- 饼状图：将每个对象设置为一个扇区显示，其属性主要为标签及数值。
- 省份地图：根据省份的名称调色，其属性主要为标签及数值。

上述这些组件均可通过设置其样式并且将其绑定到数据模型上达到可视化目的。

如果这些控件提供的显示效果无法满足要求，可在前端脚本中通过 this.getAddinById 获取这些控件的引用之后，使其包含一个名为 chart 的属性并返回 Apache Echarts 对象，然后可以使用 Apache Echarts 提供的 setOption 方法对其进行进一步设置。

21.2 Echarts 控件入门

此外，在 DWF 中有 Echarts 控件，可以直接将其拖曳进画布区。这个控件默认编写一个初始化脚本，允许对其进行更加个性化的定制，其包含两个全局变量。

- option：用户只需要把符合 Apache Echarts 控件的 option 对象赋值给这个全局变量就可以。
- myChart：Apache 的 Echarts 对象，可以调用诸如 setOption()函数对其可视化选项进行再次设置。例如，在 this.handleQueryData 的回调函数 then()中，可以直接使用 myChart.setOption(newOption)实现异步数据的展示。

21.3 通过 RESTful API 获取数据

第 17 章介绍了 this.handleQueryData 可以实现批量数据查询，本节将介绍另外一种调用方法——直接调用 DWF 内部封装的 RESTful API 对象并获得数据。相对于 this.handleQueryData，通过 RESTful API 调用获取数据有如下优势。

- 可以获取更多格式的数据，例如，将数据自动组织为层级结构。
- 可以获取 DWF 的模型数据，例如，实体类的定义数据、组织结构数据等。
- 可以对后台的模型数据进行修改。

在 DWF 的 this 内部提供了 3 个用于调用 RESTful API 的辅助对象。

- this.dwf_axios：主要用于调用 DWF 的实体类、关联类数据。
- this.modeler_aixos：主要用于调用 DWF 的模型数据。
- this.axios：专门用于调用 DWF 自带的 RESTful API 之外的第三方 RESTful API。

如图 21-1 所示，这是一个从 Echarts 控件初始化脚本以外的控件事件中(如按钮单击事件)获取数据从而变更 Echarts 配置的例子，对应数据服务可以直接调用 post、get 这两个函数。get 请求 URL 的相对路径并且权限都已设置好，而 post 用来查询数据，只需要提供入口点/omf/entities/Asset/objects。除了路径，this.dwf_axios 后带有一个参数 param，它是一个 JSON 对象，包含了哪些属性与具体的接口有关。调用成功之后，数据会通过 res 反馈回来，在反馈的数据中，res.data.data 是返回的对象。可以用 getAddinById 得到 Echarts 控件对象，并且在 setOption 中可以执行很多操作。

```
Let param = {};
this.dwf_axios.post("/omf/entities/Asset/objects", param).then(res => {
        var objs = res.data.data;
            var myChart = this.getAddinById("EChart1");
        //处理数据
    myChart.chart.setOption(option = {
            //执行操作
    });
})
```

图 21-1　调用方法

在 DWF 环境的右上角有个 admin，单击这个按钮，选择"API 说明"，出现"模型类"，字符 this.dwf_modeler_axios 对应的是模型类的语法，对象类对应的语法是 this.dwf_axios。单击"对象类"，输入账号和密码就进入如图21-2 所示的 RESTful API 网页界面了。这里主要是介绍关于 RESTful API 的调用方法，这个网页中包括关联类对象、关联类元信息、实体对象、实体类、关联类对象等的通用接口等。

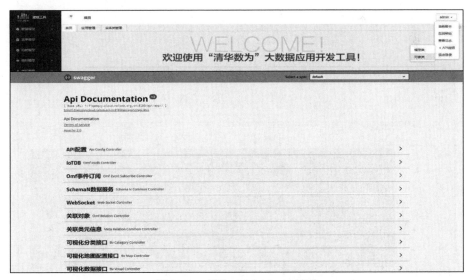

图 21-2　查看 RESTful API 清单

在查询 RESTful API 的任何信息之前，需要先获取 JWT 身份验证 token，而获取 token 的方式就在 RESTful API 中。找到身份验证，打开第三个 get 也就是移动端登录界面，以获取 token。输入 DWF 环境的用户名和密码，单击 Execute，可以看见图 21-3 中所示的信息。data 后的信息就是 RESTful API 的 token。

```
{
  "success": true,
  "code": 200,
  "message": "OK",
  "data":
"eyJhbGciOiJIUzUxMiJ9.eyJzdWIiOiJhZG1pbiIsImV4cCI6MTY1MTE5NjAxOX0.EwPZGWNTh8C_9Fwv0bs5NlP9aDkuW-fOuPYk8LNtLlDXVOK-ItCEiaalrAh47vm9dQ3I4BW5X-SpIhxJs8sIbQ"
}
```

图 21-3　获取 JWT 身份验证 token

以实体类对象为例，打开实体对象，要查询实体类对象的所有数据，需要查询设备类的所有对象。粘贴 token，填写类英文名为 Asset，查询条件全部设置为空，然后单击 Execute，开始执行查询。可以看见 response body，其中有个 data，data 里面是一个数组，每个数组就是表格中的一个设备，只是返回的形式为 JSON 数组形式。读者将数组与设备列表中的设备一一对应，就会发现所有的设备信息在 RESTful API 中都以数组的形式展示出来，如图 21-4 所示。

图 21-4　获取实体类的对象

下面以工单为例进行介绍。工单中引用了设备、零件，需要在查询工单的同时，把工单引用的设备和工单引用的零件数据也反馈回来。DWF 的 RESTful API 提供了这个查询接口。在实体对象 post 的/omf/entities/{className}/objects 中，前面有 condition 之类的字样后面跟一个引用，在这个引用中可以设置 sourceAttr，表示工单的 assetOid；也可以设置 targetAttr，表示对应设备的 oid。这里的 source 就是查询工单的 assetOid 时顺便把设备 oid 与工单 assetOid 的设备找到。最后一个 sourceAttrSplit 就是分隔符，这个分隔符会在自动把需要查询的对象分开的同时显示很多查询内容。打开 DWF 环境中的 RESTful API 对象类，单击实体对象并复制粘贴 token，填写类英文名为 WorkOrder，将图 21-5 中的内容复制到查询条件的相应位置，然后单击"Execute"。数组 data 中的第一个数组 queryResult 是工单对象，数组以 JSON 对象的形式返回，同时 refResult 也找到了设备对象 assetOid，这是根据给定的查询条件查出来的结果。

```
{
    "refs":[
        {
            "sourceAttr":"assetOid",
            "targetAttr":"oid",
            "targetClass":"Asset",
            "sourceAttrSplit":","
        }
    ]
}
```

图 21-5　工单引用查询设备

如果给出零件对象的查询信息，那么查出来的结果是包括零件信息的。在查询条件中添加如图 21-6 所示的内容，单击"Execute"，将 Response body 的部分内容打开可以看到如图 21-7 所示的内容。从中可以看出，data 数组分为两部分：一部分是 queryResult，这里指的是包含所有工单信息的数组；另一部分是 refResult。refResult 包含两个引用属性：一个是 assetOid，就是设备信息；另一个是 partOid，就是零件信息。这里的设备信息与工单信息是一一对应的，就是将工单中需要用到的设备信息逐个展示出来。这就是主外键引用的查询，在 DWF 中通过查询接口来实现。此外，还有一些用于修改数据的高级用法，这些用法除了单个进行增删改数据，还可以多类混合批量增删改数据。例如，/omf/multi-entities/objects-create 就是一次性创建很多对象，/multi-entities/objects-delete、/multi-entities/objects-update 就是批量删除和批量更新。在 RESTful API 中，post 包含这三部分内容。在查询中输入 JSON 字符串的形式，并在 Example Value 中提供每个类对象的属性，就可以设置批量的增删改操作。如果希望在新增一些数据的同时删除并且修改一些数据，就需要用到多类多对象增删改混合操作，即/omf/cud-batch，这个语法就可以组合不同数组的对应操作。RESTful API 中的/cud-batch 就有一个 action，这个 action 包括 create、delete、update 操作。这里的 oid 可以设定，设定完之后可以根据新增的对象去更新，更新后的 oid 可以保留也可以删除。还有一种操作是 createOrUpdate，这个语法表示若没有 oid 就新增，若有就更新，也就是集成功能。另外，/omf/next-create 是级联新增，是用来建立类似于树形接口的语法，这种语法能创建一些 oid 不知道的零件。只需要把根对象的 oid 创建完，紧接着把子对象以及子对象的子对象创建出来，就像是一棵树一样。全部创建完毕后，后台就会自动配备好所有的数据信息。

```
{
    "sourceAttr":"partOid",
    "targetAttr":"oid",
    "targetClass":"Part",
}
```

图 21-6　引用查询零件

```
{
  ……
  "data": {
    "queryResult": [
      {
        "woTitle": "输入维修规程",
        ……
        "woDeadline": 1650251026407
      },
……
"refResult": {
    "assetOid": [
      {
        "woCount": 12,
        ……
        "assetDesc": "123"
      },
……
"partOid": [
      {
        "creator": "9C92E891E9AE534DB685737DE467A9D0",
        ……
        "partMaterial": ""
      }
    ]
  }
}
```

图 21-7　带引用的工单查询结果

21.4 开工热力图

图 21-8 中的 res.data.data 就是用于查询的数据,将这些查询数据转化成 Echarts 格式的数据,这里应用了 JavaScript 的映射函数,也就是 map 函数。有关 JavaScript 的语法,读者可以找相关的专业书籍学习。map 的作用类似于 forEach 遍历,然后等待 return 一个数组的元素。遍历完这个对象之后,用 map 把对象中的每个元素赋给 x,这样就能返回 x 的属性。例如,要画一个热力图,希望获取 X、Y 轴的经纬度,就可以把这两个经纬度绘制出来,然后用工作小时数作为热度,之后直接以中括号的形式返回 x.locationX, x.locationY, x.workHours。返回的结果是一个数组,可以把这个数组打印下来,这就是可视化的过程。

```
var objs = res.data.data;
  points = objs.map(x => {
    return [x.locationX, x.locationY, x.workHours]
  });
  console.log(points);
```

图 21-8　工作小时数查询

打开 DWF 环境的功能模型,在"设备管理"中找到"绑定表单",单击并填写菜单名为"设备可视化",选择分组为"设备管理",目标类为"设备"。单击"新增表单名称"按钮,在弹出的"创建表单"弹框中填写表单名(英文名)为 AssetChart,显示名(中文名)为"设备可视化",单击"确认"按钮并返回"操作编辑"弹框。单击"编辑表单名称"选项进入设备可视化的表单定制页面,在表单定制页面中,拖曳两个多列控件。在第一个多列控件中分别拖曳可视化控件中的混合图、饼图控件。将混合图控件的属性设置为 X 轴为设备"代号",Y 轴为"工作小时数",饼图控件中的属性选择标签为"代号",数值为"总里程数"。在第二个多列控件中拖曳两个 Echarts 扩展控件。

打开 Echarts 图所在的网页 https://echarts.apache.org/examples/zh/index.html,在网页左端的目录中找到热力图。在网页中间找到热力图与百度地图的扩展并单击这个图,进入开工热力图对应的 JavaScript 代码与热力图网页,如图 21-9 所示。

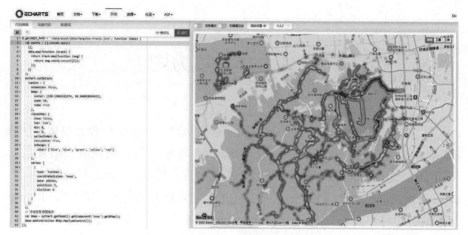

图 21-9　Echarts 热力图示例网页

左边的代码显示这个热力图通过使用 JavaScript 代码的 query 函数,直接把数据从百度服务器提取出来,该数据是杭州的热力图数据(见图 21-10),它是有关杭州的公路、排放量或者废气排放的热力图。此代码中对数据也做了一个 map,就是把数据以热力图可接受的形式返回,后面的 myChart 用来支持右边的热力图设置,这部分内容在 DWF 中就是用于显示颜色的 chart。后

```
$.get(ROOT_PATH + '/data/asset/data/hangzhou-tracks.json', function (data) {
  var points = [].concat.apply(
    [],
    data.map(function (track) {
      ……
    })
  );
  console.table(points);
  myChart.setOption(
    (option = {
      ……
      },
      series: [
        {
          ……
        }
      ]
    })
  );
  // 添加百度地图插件
  var bmap = myChart.getModel(). getComponent ('bmap'). getBMap();
  bmap.addControl(new BMap.MapTypeControl());
});
```

图 21-10　热力图 JS 代码

面的 series 就是 points，意思是给调出来的数据做了一个映射。在代码中的 myChart 前面可以添加命令 console.table(points);，单击"运行"，然后打开网页的调试工具，可以看见控制台显示 Array(5669)字样。这说明 points 包含 5669 个元素数组，打开这个 Array(5669)可以看见表格。该表格的第一列显示热度点，第二列和第三列分别显示热度点的经度和纬度，这个 points 可以在 DWF 中用 Echarts 去展示。

返回 DWF 环境中设备可视化的表单定制页面，单击第一个 Echarts 扩展控件右端的"打开编辑"按钮，输入图 21-11 中的内容。这个表格通过 handle QueryData 获取数据，直接获取 Asset 的数据，接着用 then 语句异步调用返回结果，从而把调用的数据通过 console 打印出来。

```
this.handleQueryData({targetClass:'Asset'}).then(res=>{
    var objs = res;
    console.table(objs);
    points = objs.map(x => {
        return [x.locationX, x.locationY, x.workHours];
    });
    var option = {
        animation: false,
        bmap: {
            center: [104.114129, 37.550339],
            zoom: 5,
            roam: true
        },
        visualMap: {
            show: false,
            ……
            inRange: {
                color: ['blue', 'blue', 'green', 'yellow', 'red']
            }
        },
        series: [{
            type: 'heatmap',
            ……
        }]
    }
    var myChart = this.getAddinById("EChart1");
    myChart.chart.setOption(option);
})
```

图 21-11　设备可视化 Echarts 脚本

使用 map 函数映射出关于工作小时数的经纬度信息，再把经纬度信息映射成 points。后面就按照 Echarts 的案例将数据复制粘贴即可。由于在使用了异步调用的 handleQueryData 中，Echarts 信息已经丢失，因此在最后要重新获取 Echarts，之后在控件中会出现 Echarts 属性，对这个数据进行 setOption 后刷新。读者可以自己观察，这个设备可视化的热力图与设备地图是一一对应的(见图 21-13)。

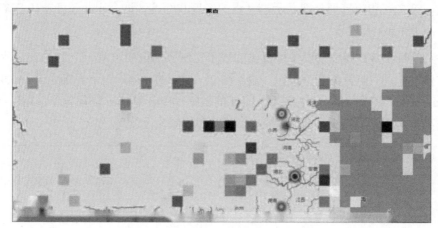

图 21-13　设备开工热力可视化效果图

21.5　小结

本章主要介绍 Echarts 控件的用法，首先介绍了 DWF 内置的可视化控件，包括混合图、散点图、饼状图、省份地图。这些控件自带一个 chart 属性，表示真的是用于实现的 Echarts 对象。本章专门介绍了 DWF 自带的 Echarts 控件，其包含一个初始化脚本，用于实现更加个性化的可视化需求，并且定义了 option 和 myChart 全局变量。

此外，本章进一步介绍了使用 DWF 的 RESTful API 来获取数据的方法。当然，最简单的获取数据的方法是 handleQueryData，但是当这种方法不能满足需求时就需要通过使用 RESTful API 来达到目的。最后利用设备的热力图介绍了 Echarts 自定义控件的功能。

第 22 章　高级可视化开发

前面介绍了 Echarts 控件的用法，了解了 DWF 查询数据的方法，以及 RESTful API 的使用方法及如何利用 RESTful API 的增删改、级联新增功能。本章主要介绍关于产品结构树的 Echarts 方法及 RESTful API 调用数据的功能。

22.1　产品结构展示

前面章节介绍过关联结构树的用法，就是可以在零件结构中将其打开。一个根对象下拉菜单有子对象，子对象下拉菜单有孙对象等。在 Echarts 图中，可以把树形结构展示出来，如图 22-1 所示。

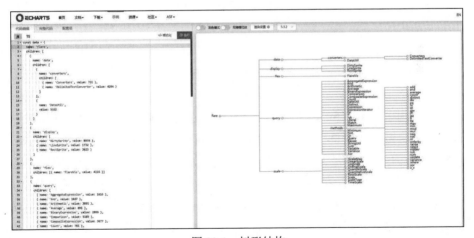

图 22-1　树形结构

图 22-2 中显示的是 Echarts 需要用到的数据格式。最上面是 data，data 数组中有一个 name，图中的 name 是 flare。这个 data 有一个 children 数组，这个数组中的每个元素都有一个 name 以及一个 children 数组。在 name 后面有 value，这样 value 就可以显示出来。调用数据时，需要从 DWF 的 RESTful API

中把数据组织成接近表格的形式，然后转换成树状形式，也就是 name、children、value 的形式。

```
const data = {
  name: 'flare',
  children: [
    {
      name: 'data',
      children: [
        {
          name: 'converters',
          children: [
            { name: 'Converters', value: 721 },
            { name: 'DelimitedTextConverter', value: 4294 }
          ]
        },
        ……
      ]
    }
  ]
};
option = {
  tooltip: {
    ……
  },
  series: [
    ……
  ]
};
```

图 22-2　树形结构 JS 代码

　　DWF 中的 RESTful API 默认带有这种构造树的 RESTful API，这种树形查询对应的树形结构是/omf/relations，它里面有个/PartToPart，这个/PartToPart 是类名。如果这个类名支持自关联，只要提供/tree，并通过上面指定的展开方式，这个数据就可以查询并返回。param 数组中的元素会带有树形结构的样式，这个树形结构的样式和百度 Echarts 树形结构的样式非常相似，但是其中包含的属性比较多，需要进行裁剪，才能显示成树形结构的样式。

　　回到 DWF 中的无代码定制部分。在设备管理系统中有个"零件管理"功能，零件管理中有"产品结构"菜单，在"产品结构"菜单中显示的就是关联结构树的控件。单击"产品结构"的"返回定制"按钮，读者可以观察无代码的关联结构树是如何设置的。首先这个关联结构树要求提供一个实体类，在"产品结构"菜单中实体类选择的是零件，并将其作为树节点进行显示。

其次要求提供一个关联类，用于表示这个节点是如何联系的，介绍了根节点、子孙节点显示的零件名称。当然如果根节点和子孙节点为空的话，要有替代的方案，也就是标签如何设置。根节点的查询条件需要设置，如果子孙节点要展开的话，需要过滤也就是增加查询条件，这时可以设置根节点和子孙节点的图标映射关系。后面要设置默认加载层数以及是否采用懒加载方式，这就是关联结构树的设置方法。

与关联结构树对应的 RESTful API 调用方法中，首先指定需要用到的关联类，然后查看 param 数组中根节点 rootCondition 的查询条件。如图 22-3 所示的代码中，指定零件的类型是产品，子孙节点、叶子的查询条件为空，查询方向是从左到右，每次查询 6 层，起始的根节点从第一层开始查询。把这个 param 作为参数传递给 post，那么这个树形结构的参数就会在查询完之后被返回。

```
let param = {
  "childrenCondition":"",
  "leafCondition":"",
  "queryDirection":"LEFT_TO_RIGHT",
  "recursiveLevel":"6",
  "rootCondition":"and leftclass.plt_partType='产品'",
  "startIndex":0};
this.dwf_axios.post(`/omf/relations/PartToPart/tree`,param).then(res => {

}
```

图 22-3　DWF 的关联树 RESTful API 调用方法

在 DWF 环境中打开 RESTful API 界面，找到关联对象，在最后一个 POST 中看见的标题 /omf/relations/{relationName}/tree 就是关联结构树的 RESTful API 调用接口(见图 22-4)。打开这个接口，输入 JWT 身份验证 token，填写关联类英文名为 PartToPar，将图 22-3 中的 param 数组复制到查询条件中，然后单击 Execute，便可以看到结果。

如果将结果 Response body 中的内容复制到代码编辑器(如 VS.Code)中，可以看到如图 22-5 所示的内容。data 数组的第一层是搅拌车，里面有搅拌车的基本属性。然后第二层的第一个数组是底盘系统的数据。将底盘系统展开就是第三层，第三层的第一个数组是轮胎的详细信息。在轮胎信息后面的数组分别是车轴、发动机、驾驶室等隶属于底盘系统的零件。这个数组信息与关联结构中产品结构的信息是一模一样的，并且这个结构也显示的是树形结构的信息。

图 22-4　其他 RESTful API 查询树形结构调用

```
{
  ……
  "data": [
    {
      "children": [
        {
          "children": [
            {
              ……
              "right_partName": "轮胎",
              "right_partType": "零件"
            },
            ……
          ],
          ……
          "right_partName": "底盘系统",
          "right_partType": "零件"
        },
        ……
      "right_partName": "搅拌车",
      "right_partType": "产品"
    }
  ]
}
```

图 22-5　关联结构树的代码

对 Echarts 来说，这个树形结构不需要显示这么多属性，并且这些数组信息和 Echarts 树形结构的需求不一样，因此需要对这个树形结构进行转换。图 22-6 中展示的转换是一个递归函数，这个递归函数的顶层是一个 tree，该数组理论上是在 RESTful API 中查询出来的树形结构数组。希望返回的是一个百度 Echarts 能接受的数组，如果这个 tree 数组不为空，那么首先进行一次遍历，对每个零件新建一个 name，具体名字就是零件的名称。然后 value 就是子件的数量，在 DWF 中这个子件的数量会自动计算。if 条件语句的意思是如果这个零件带有 children 字样，就说明这个子件还有子件，继续按照前面遍历的方法把子件的子件遍历一遍。这样一直不断遍历，一直到子件没有 children，这个遍历就结束。全部对象构造完成之后就将其放到即将返回的数组里面，通过这样的迭代方式，把树形结构不需要显示的属性去掉，最后反馈的数组就是需要显示的树形结构的信息。

```
function mapChildren(tree = []) {
  let arr = [];
  if(tree) {
    tree.forEach(item => {
      let obj = {};
      obj['name'] = item.right_partName;
            obj['value'] = item.childrenCount;
      if('children' in item) {
        obj['children'] = mapChildren(item.children);
      }
      arr.push(obj);
    })
  }
  return arr
}
```

图 22-6　递归函数实现格式转换

迭代完成子件需要显示的信息后，接下来就是对应刚才的树形结构。所示的脚本中前面有 Echarts 的设置 setOption，里面的 series 用于设置 tree 的类型、id、name 等，data 就是刚才获取的数据。将左右间距、样式是否默认展开、展开时间等设置拼接在一起就是 Echarts 中树形结构的编码，至此产品结构的可视化基本完成(见图 22-7)。

读者在 Echarts 编码中，首先把递归函数复制过去，然后利用查询条件调用产品结构的数据。将调用的函数返回为 data，然后在 series 的 data 中获取前面 data 的数据。最后用 getAddinById 获取控件 Echart2 并且设置 setOption。图 22-8 就是 Echarts 树形结构关于产品结构的展示图，图中的数据跟零件管理网页中的产品结构对应的关联结构树是一模一样的。理解了这个用法，将

Echarts 与 DWF 中的 RESTful API 配合可以把各种树形结构简单快速地复制出来。

```
myChart.chart.setOption({
  tooltip: {
    trigger: 'item', triggerOn: 'mousemove'
  },
  series:[
    {
      type: 'tree', id: 0,
      name: 'tree1',
      data: data,
      top: '10%', left: '8%', bottom: '22%', right: '20%',
      symbolSize: 7,
      edgeShape: 'polyline', edgeForkPosition: '63%', initialTreeDepth: 3,
      lineStyle: {
        width: 2
      },
      label: {
        backgroundColor: '#fff',
        position: 'left',
        verticalAlign: 'middle',
        align: 'right'
      },
      leaves: {
        label: {
          position: 'right',
          verticalAlign: 'middle',
          align: 'left'
        }
      },
      expandAndCollapse: true, animationDuration: 550, animationDurationUpdate: 750
    }
  ]
});
```

图 22-7　Echarts 设置代码

前面介绍的关联结构树是通过自关联来实现的，事实上直接通过一个实体类也可以展开一个树形结构。在 DWF 的 RESTful API 中，实体对象也自带一个 tree 的树形结构。关联类和实体类有一个区别，就是在实体类中，只要带一个属性 parentOid，就可以展开成一棵树。好比行政区划，每个实体类对象都有唯一的一个上级行政区，类似于海淀区有一个唯一的上级行政区北京，属于单向上级。这种情况可以增加一个实体类的属性，这个属性指向另外一个实体类。这样就可以形成一棵树。但是这种实体类的树形结构只能形成树形结构，无法成为网络状的关系。

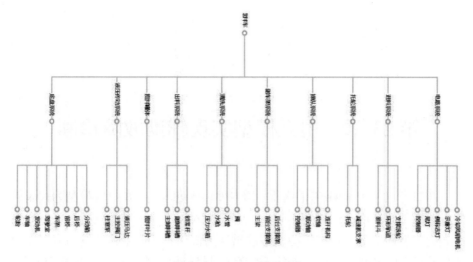

图 22-8　Echarts 树形结构

22.2　小结

本章首先介绍了无代码产品结构自关联中关联结构树的用法，然后通过 DWF 环境的 RESTful API 将关联结构树的数据调用出来。根据 Echarts 树形结构的语法将关联结构树的数据带入，从而形成产品结构的 Echarts 树形结构图。另外，本章还介绍了实体类也可以形成这种 Echarts 形式的树形结构图。

第 23 章　用大模型实现辅助故障诊断

2023 年随着 ChatGPT 的出现，国内外迅速进入了一个以大模型为代表的生成式人工智能产品爆发期，大批厂家纷纷入局，提供以大模型为底座的生成式人工智能服务。这些模型服务的出现为低代码开发工具开发的应用在智能化升级方面打开了大门，使得开发者可以轻松地将大模型嵌入到基于 DWF 开发的应用中。

本章将以搅拌车的故障诊断助手功能的开发为背景，介绍如何将百度"文心一言"大模型服务与 DWF 进行集成。

23.1　搅拌车故障诊断助手

首先，介绍故障诊断助手的功能设计。这个诊断助手的目的是，提供一个自然语言作为输入界面，将观察到的故障现象输入给大模型，然后由语言模型将潜在的解决方案作为结果显示给用户，以起到辅助故障诊断的作用。具体表现形式是：在本书介绍的搅拌车管理系统中，打开工单管理的页面，在右上角增加"呼叫助手"按钮。单击该按钮之后，从侧面滑出故障诊断助手对话框，用户输入故障现象，系统则给出可能的原因。如图 23-1 所示，当用户输入"发动机冒黑烟怎么处理？"，系统则给出故障原因和修复建议。接下来，本章将一步步实现上述功能。

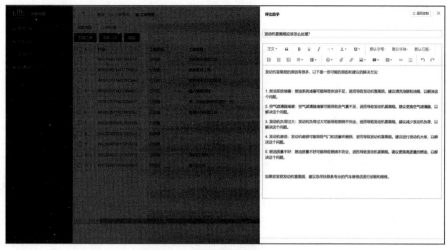

图 23-1 搅拌车故障诊断助手

23.2 了解大模型服务

23.2.1 获取访问权限

在本章的例子中,将采用百度"文心一言"提供的大模型服务作为我们使用的基座模型(注意:如果希望使用其他模型服务,方法与本章介绍的方法类似)。调用的过程分为 4 步:申请账号、创建应用、获取令牌、调用接口。本节介绍这个调用过程的前 3 步,具体如下。

(1) 先向百度申请"文心千帆"开发者服务,这需要先向百度智能云 (https://ai.baidu.com/)申请实名制注册成为开发者,具体申请过程本书不再介绍,注册完毕后申请成为"文心千帆"大模型平台开发者。

(2) 成为开发者之后,进入文心千帆大模型平台的控制台,单击"应用接入",创建应用。如图 23-2 所示,此时可以选中要使用的大模型。默认情况下,使用"文心一言"大模型,即 ERNIE-Bot-turbo。该模型是百度自行研发的大模型,覆盖海量中文数据,具有更强的对话问答、内容创作生成等能力,响应速度更快。

(3) 注册完成应用后,大模型平台会给出两个密码,这两个密码分别用来标识身份、计费等。第一个密码是 API Key,简称 AK;另一个是 Secret Key,简称 SK。获取这两个密码之后,就可以调用百度的统一认证服务,进而申请调用大模型的访问令牌(access_token)。

图 23-2 申请创建 DWF 大模型教学应用

为了测试，读者可以从 https://www.postman.com/downloads/ 下载一个 Postman 软件。打开 Postman，在 Workspaces 中单击 Create Workspace 并修改名字为"百度 AI 集成"，然后单击 Add Request，修改名字为百度 AI 的"文心一言 token"。将用于获取 token 的认证网址：https://aip.baidubce.com/oauth/2.0/token 复制到 Postman 中百度 AI 对应 token 的 URL 中，并在 Params 选项下新增 grant_type、client_id、client_secret 3 个参数。将 API Key 的内容复制并粘贴为 client_id 的值，Secret Key 的内容复制并粘贴为 client_secret 的值。然后单击 Send 按钮，下方会返回一个值，也会出现令牌，这个令牌可以调用百度 AI(见图 23-3)。

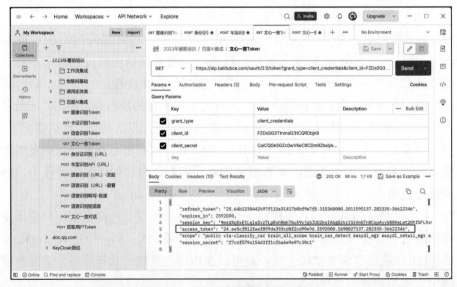

图 23-3 获得百度图像识别 Token

23.2.2 大模型对话接口

获取访问权限后,就可以进行第四步操作"调用大模型服务"了。"文心一言"大模型的对话接口也是一个 RESTful API 调用,可以继续在 Postman 工具中测试接口是否正常。通过建立一个新的类型为 post 的 request,然后按照文档配置对话接口,输入参数并且设置 access_token,单击 Send 按钮,即可看到返回的结果。

在本章介绍的例子中,我们设计了一个十分简单的提示词,用于告诉模型它需要扮演的角色。调用时要在链接中给出第三步中通过 AK 和 SK 交换得到的 access_token,传递参数则是一个 messages 数组。数组里的每一个元素有一个 role 和一个 content,其中 role 用于表示是代表用户提问的 user,还是代表系统回答的 assistant,content 则表示对话的实质内容。如图 23-4 所示,调用提示词的入口 URL 是 https://aip.baidubce.com/rpc/2.0/ai_custom/v1/wenxinworkshop/chat/eb-instant?access_token=****。

```
{
    "messages": [
        {   "role": "user",
            "content": "你是一辆搅拌车维修服务工程师,负责回答用户的故障提问,与搅拌车无关的问题可以拒绝回答。"        },
        {   "role": "assistant",
            "content": "好的,我是一辆搅拌车维修服务工程师。"        },
        {   "role": "user",
            "content": "你会修泵车吗?"
        } ]
}
```

图 23-4 利用提示语进行人物设定

调用获得的接口将以 JSON 对象的方式返回,如下面的 Postman 接口表示。从图 23-5 所示的结果看,提示语已经起作用,模型主动拒绝了与搅拌车故障无关的提问。在本文的例子中,我们采用的是大模型的对话接口。除对话接口外,大模型还提供了续写、向量化等接口,这里就不作过多介绍了。有关接口的详情可以参考 https://cloud.baidu.com/doc/WENXINWORKSHOP/s/4lilb2lpf。

图 23-5　大模型返回结果示意

23.3　开发故障诊断助手

23.3.1　定制诊断助手表单

测试完大模型服务后，接下来可以开始开发故障诊断助手。先定制一个 WorkOrder 实体类的表单，在里面放一个文本框和一个富文本框，利用单列等容器控件，调整布局如图 23-6 所示。单击文本框，在"回车事件"中添加一个动作为 implement 的操作，即"提出问题"。

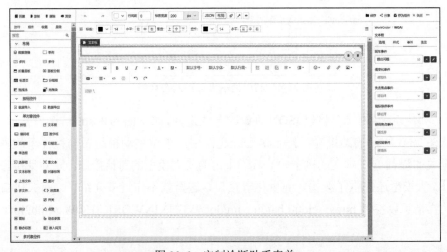

图 23-6　定制诊断助手表单

23.3.2 编写提问前端脚本

在"提出问题"操作对应的前端脚本之中，通过 this.getAddinById()收集代号为 TextInput1 的文本框中提出的问题，然后将其封装到 param 变量对应的 JSON 对象并用 q 属性保存下来。通过 this.callServer().then()的前后端调用，将问题传到后端脚本，与此同时将代号为 RichTextEditor1 的富文本框显示的答案设置为"思考中…"。等待结果返回之后，通过 setValue()将真实答案替换到富文本框中，如图 23-7 所示。

```
let question = this.getAddinById('TextInput1');
let answer = this.getAddinById('RichTextEditor1');
let param = {
    q: question.getValue()
}
answer.setValue("思考中...");
this.callServer(param).then(res => {
    r = JSON.parse(res.data.data);
    realAnswer = r.result;
    answer.setValue(realAnswer);
})
```

图 23-7　诊断助手前端脚本

23.3.3 后端调用大模型服务

如图 23-8 所示，后端脚本首先利用 Java.type()将 kong.unirest.Unirest 这个 Java 类引入进来，从而实现后续对 RESTful API 的调用。Java.type()利用了后端脚本和 Java 虚拟机之间的互操作能力实现，允许 DWF 的后端脚本引用所有的 Java 类并进行调用。接下来，从 this.callServer()传入的参数 this.customData.q 尝试找到用户提出的问题，并基于提示词补充这个问题。然后利用 Unirest.get 方法从 ak 和 sk 中获取用于访问文心一言大模型的访问令牌 access_token。再利用这个 access_token 调用 Unirest.post 接口，输入对话内容以获取对话答案，最后将这个答案通过 this.res 返回到前端脚本中。

```
const Unirest = Java.type('kong.unirest.Unirest');
let body = {
  "messages": [
    { "role": "user", "content": "你是一辆搅拌车维修服务工程师，负责回答用户的故障提问，与搅拌车无关的问题可以拒绝回答。" },
    { "role": "assistant", "content": "好的，我是一辆搅拌车修服务工程师。" }]
};
body.messages.push({ "role": "user", "content": this.customData.q })
try {
  const ak = "****";
  const sk = "****";
  // 获取 token
  const response = Unirest.get(`https://aip.baidubce.com/oauth/2.0/token?grant_type=client_credentials&client_id=${ak}&client_secret=${sk}`)
    .asString();
  const access_token = JSON.parse(response.getBody()).access_token;
  // 启动对话
  const resTask = Unirest.post(`https://aip.baidubce.com/rpc/2.0/ai_custom/v1/wenxinworkshop/chat/eb-instant?access_token=${access_token}`)
    .header("Content-Type", "application/json")
    .body(JSON.stringify(body))
    .asString();
  this.logger.info(resTask.getBody());
  this.res = resTask.getBody();
} catch (ex) {
  this.logger.info(ex.toString());
  this.ex = ex.toString();
}
```

图 23-8　后端脚本调用大模型服务

前后端脚本编写好后，对应的"提出问题"的操作配置界面如图 23-9 所示。单击"确认"按钮后，在工单管理表单上添加一个"呼叫助手"按钮，用于在单击事件触发后配置其通过侧滑的方式弹出诊断助手的表单。关闭默认操作，即实现了一个如图 23-1 所示的搅拌车故障诊断助手的功能。

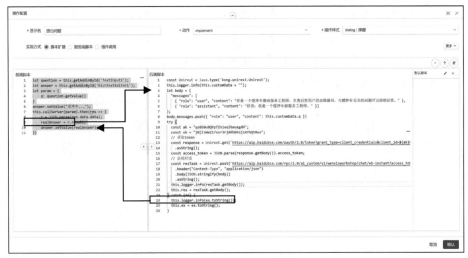

图 23-9 "提出问题"操作脚本示意图

23.4 小结

本章通过一辆搅拌车故障诊断助手的实现介绍了如何通过DWF集成大模型服务的功能。目前，国内外的大模型服务均提供了类似"文心一言"的RESTful API 接口，调用的方法大同小异，因此通过本章内容的学习，读者也可以尝试调用其他大模型。

调用大模型的方法一般分为 4 步：申请成为开发者、申请应用获取访问特定模型的能力、获取调用的访问授权即 access_token、最后进行调用。在对接到 DWF 之中时，需要经过设计提示词、定制表单、前端脚本和后端脚本编写的过程接入大模型。其中前端脚本主要负责收集上下文信息，后端脚本主要负责对大模型进行调用。

读者或许会存在疑问，为什么不能直接在前端脚本就开始对大模型进行 RESTful API 调用？主要原因有下面 3 点。

- 跨域安全性问题：目前大模型厂家均不允许跨域调用其 RESTful API 服务。例如，阅读本书的读者可能会从大数据系统软件国家工程研究中心申请使用 DWF 环境，其默认域名为 nelbds.org.cn，而百度的默认域名为 baidu.com。出于安全考虑，百度会禁止来自 DWF 前端的 RESTful API 调用。

- 内部服务保密：如果大模型是私有部署在企业内部，需要配合包含了复杂提示语工程的框架来提供服务，不允许对外公开服务，那么也需要使用后端脚本来完成对大模型的调用。
- 内部数据保密：对复杂的应用而言，输入大模型的数据可能不仅来源于用户提出的少数问题，而且这些数据也是不方便对外公开访问的，这就导致涉及大模型应用的数据难以通过前端获取。

因此，接下来对 AI 服务的介绍中也会使用后端脚本来完成工作。

第 24 章 用人工智能实现车型识别

随着计算机尤其是云计算的发展，人工智能已经变得更加平民化，其功能已不再属于实验室少数精英阶层，可在公开网络中调用的人工智能服务越来越多，典型代表如百度智能云平台(见图24-1)。这意味着，开发者可以快速将 AI 的能力和自己的应用进行嫁接，从而将应用升级到智能化水平。

图 24-1 百度 AI 云平台

本章主要介绍 DWF 如何与人工智能(Artificial Intelligence，AI)服务做好对接，目标是以车型识别为例，了解针对非结构化数据人工智能所提供的服务，以及 DWF 提供的后端函数和全局函数功能。和大模型服务一样，DWF 本身不具备人工智能的能力，通过调用进行物体识别、图像识别的功能也是利用 RESTful API 集成实现的。

为保持连贯性，本章内容还是选择百度智能云提供的服务作为基础进行介绍。不过读者可以放心，本章内容虽然以百度人工智能服务为基础进行介绍，但是，使用该服务的过程和市面上绝大部分 AI 服务大同小异。因此，也可以采用基本相同的方法将其他厂家的 AI 服务集成到用 DWF 开发的应用中。

24.1 注册为开发者

和调用大模型一样，要使用百度智能云提供的人工智能服务，需要读者先注册成为开发者。注册成功后有一个控制台，在控制台里面可以申请人工智能提供的服务并申请开通服务，如车型识别、植物识别、身份证识别等。其中一些服务是免费的，可以用来做开发或者测试。使用这些服务之前，需要先创建一个应用，选择所有可能提供的服务，如图 24-2 所示。注册完毕后，云平台会给出两个密码，这两个密码分别用来标识身份、计费等。获取这两个密码后，就可以调用百度的统一认证服务，申请一个用于调用车型识别的令牌。

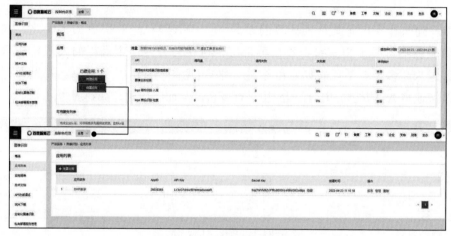

图 24-2　百度智能云应用

　　同样，为了测试，读者可以在 postman 软件中单击 Add Request，修改名字为百度 AI 的图像识别令牌，将获取令牌的认证网址 https://aip.baidubce.com/oauth/2.0/token 复制到 postman 中百度 AI 的令牌对应的 URL 中，并在 Params 选项下新增 grant_type、client_id、client_secret 这 3 个参数。将 API Key 的内容复制并粘贴为 client_id 的值，将 Secret Key 的内容复制并粘贴为 client_secret 的值。然后单击 Send 按钮，下方会返回一个值，出现令牌，这个令牌可以调用百度 AI(见图 24-3)。

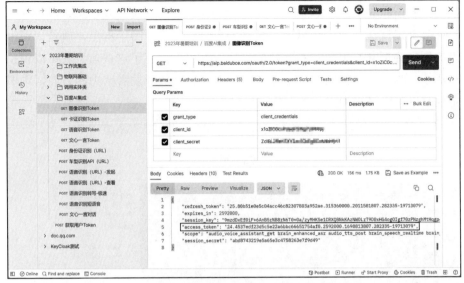

图 24-3　获得百度图像识别令牌

24.2　了解车型识别服务

接下来看车型识别是如何实现的。在百度 AI 服务中车型识别已经被开发成一个 RESTful API，只要调用这个 API，给出请求识别图片的网址，百度就会把图片中的车辆信息显示出来。例如，图 24-4 中显示的车辆是兰德酷路泽的概率是 74.4%，还有 4.4% 的概率是陆地巡洋舰。同样还可以对别的车型进行识别，如迈凯伦、大众甲壳虫、高尔夫、法拉利等等。除了车型识别，AI 还有别的开发能力，如语音、短文本、图像、动物、菜品、地标等识别能力。

其中 url 要求以字符串的形式将图像的网址告诉 AI，后面的 top_num 指的是要返回几个值，就是对潜在的返回值排序，一般默认是 5 个。baike_num 指的是需要的话可以返回百度百科的结果，就是给识别出来的车型提供一段文字介绍，一般默认是不返回的。车型识别方法如图 24-5 所示。

调用方式可以采用不同的语法结构，有 bash、PHP、Java、C#等，与调用 RESTful API 比较类似。返回的结果包含用于对问题定位的唯一的 log_id、用于识别车型颜色的 color_result，以及用于保存车型识别结果的数组 result。其中每种车型就是一个元素，数组中包含车型的名字 name、置信度 score，以及哪个年份出厂的 year、对应车型识别结果的百科词条名称 baike_info、百度百科的网页链接 baike_url、百度百科的图片链接 image_url 以及百度百科的内容描述 description。还有 location_result 是车辆在图片中的位置信息，利用这个功能就会发现在当前图形里面，找到的车辆位置位于哪个框里，就是识别出来的图形会把其左上角和右下角的坐标告诉用户。有了这些信息就可以识别车辆了，当然，具体的算法是专业研究人工智能的开发者努力的方向，本书主要是以应用算法为主。

图 24-4　百度 AI 车型识别

图 24-5　车型识别方法

获取百度 AI 的令牌之后，就可以调用车型识别的 POST 接口了。如图 24-6

所示，在百度 AI 的菜单中新建一个车型识别 API，将图中 URL 的内容复制并粘贴到车型识别 API 的 POST 后面，并且在网址后添加 access_token=，等号后面复制百度 AI 对应 token 中获得的令牌。然后在标题栏中找到 body，在 KEY 中新建一个 url，并在后面的 Value 中输入一个图片的网址。单击 Send 按钮，下方就出现了 JSON 数组，这个数组就包含这辆车的基本信息，包括颜色、型号等。

图 24-6　车型识别 API

24.3　开发车型识别功能

学习完车型识别的调用方法之后，就可以在 DWF 中调用车型识别了。具体方法是，前端通过 this.callServer().then(res => {})将图片的连接传到后端，后端脚本调用百度 AI 的 RESTful API 返回结果，前端获取结果并利用 getAddinById().setValue()将结果显示到控件上。

24.3.1　定制车型识别表单

首先，需要定制一个设备详情页表单，可以复用第一部分的表单 AssetSingle 来进行改进。先在表单中添加针对设备 Asset 实体类照片创建的 assetImg 属性和识别后照片的 assetImgIdentified 属性，其类型是 LocalFile 类型。然后将其绑定到 PC 端控件的"上传文件"上面，接着在顶部添加一个"识别并刷新"按钮，通过这个按钮实现识别的过程(见图 24-7)。

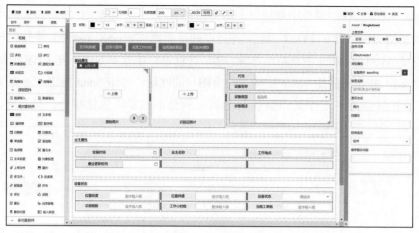

图 24-7　车型识别表单

24.3.2　识别服务的前端脚本

接下来回顾百度的车型识别服务接口，其需要传递的参数有两个：一是需要被识别图像的 URL，二是通过交换 AK 和 SK 得到的 token。前者可以利用上传文件控件的 fileUrl 属性获得，后者需要在后端调用百度的认证服务接口获得。调用成功之后，返回结果的格式前面也已经介绍过，在本章介绍的案例中，获取结果以后只需要将结果通过 setValue() 调用设置到文本框即可。假设表单中设备上传文件的控件代号为 Attachments1，识别以后结果图像对应的控件代号为 Attachments2，用于显示识别结果的文本框代号为 TextInput1，那么单击"识别并刷新"按钮对应操作的前端脚本调用的实现如图 24-8 所示。

```
let attachmentInput = this.getAddinById('Attachments1');
let attachmentResult = this.getAddinById('Attachments2');
let textResult = this.getAddinById('TextInput1');
// 驱动前端刷新页面显示识别结果
if (this.displayType == "edit") {
    this.serverDebugger();
    let url = attachmentInput.fileUrl;
    let param = { url: url };
    this.callServer(param).then(res => {
        var r = JSON.parse(res.data.data);
        attachmentResult.file_exists = true;
        attachmentResult.freshData();
        textResult.setValue(r.color_result + r.result[0].name);
    })
} else {
    this.msgbox.info("请先保存后识别！");
}
```

图 24-8　识别显示的前端脚本

其中对应上传文件的网址可以通过 fileUrl 获得，后续将得到的 fileUrl 封装到 param 对象中，然后利用 this.callServer 将这个 param 对象传递给后端。在后端返回结果以后，首先将结果还原成 JSON 对象，强制其刷新，再将结果中关于颜色和车型的识别结果写入文本框。

24.3.3　识别服务的后端脚本

下面介绍后端脚本对百度 AI 服务的调用，回顾 24.1 节，其中介绍了调用车型识别服务分为两步。第一步是通过 AK 和 SK 交换得到百度智能服务的 token；第二步则是进行实质性调用，此时会获得识别后的结果，包括：颜色、车型、图框的坐标等。

在介绍后端脚本对百度 AI 服务的调用之前先了解一下预备知识。DWF 中针对 localfile 这类属性，专门通过 this.omf 提供了 4 个函数，用于方便调用 AI 服务。这 4 个函数分别是：getString(oid, targetClass, targetAttr)、getByteArray(oid, targetClass, targetAttr)、getFilePath(oid, targetClass, targetAttr)、setLocalFile(oid, targetClass, targetAttr, tmpPath)。

第一个函数 this.omf.getString，指的是特定类型的某一个对象，如果这个函数的属性为 localFile，就会把这个本地文件转成 base64 的字符串返回。第二个函数 this.omf.getByteArray 是指要获取一个 base64 类型的数组而不是 getString 提供的人工智能服务，这个函数可以获得这种 base64[]数组。第三个函数是 this.omf.getFilePath，指的是本地存储的文件在哪里可以找到，通过这个函数可以获取文件在服务器上的路径地址。第四个函数是 this.omf.setLocalFile，指的是如果服务器中存在一个临时文件夹，通过这个函数将该文件夹中的文件设置到某个实体类对应的 localfile 属性上，前端刷新后就可以看到这个文件。

在 DWF 的后端脚本中，通过 var Type = Java.type("full class name"); 也可以直接调用 Java 的类库。这样对后端脚本来说，Java 的能力都能得到充分利用。引用 Java 函数库的目的就是为了实现对图像的处理，使用方法是 Java.type 后跟某个类名，就是将 Java 中的一个类作为 JavaScript 的一个变量来处理。

因此，后端脚本的实现如图 24-9 所示。其中第 1 行通过 Java.type()机制引入了 Unirest 后台框架，其次获取的 token 被封装到函数 getToken()之中，这利用了 DWF 的全局函数功能，实质性调用是利用 Unirest 框架的 post 函数完成的。识别之后的结果如果不为空，那么通过 drawResult()函数在后端对本地保存的图片进行图框绘制，并通过 this.omf.setLocalFile()函数完成对识别后图片的赋值，从而使得前端脚本刷新之后可以看到识别后的图片。

```
const Unirest = Java.type('kong.unirest.Unirest');
try {
    // 获得图像识别 token
    const access_token = getToken();
    // 启动图像识别任务
    const resTask =
Unirest.post(`https://aip.baidubce.com/rest/2.0/image-classify/v1/car?access_token=${access_token}`)
        .multiPartContent()
        .field("url", this.customData.url)
        .asString();
    r = JSON.parse(resTask.getBody());
    if (r.result && r.result.length > 0) {
        var path = drawResult(obj.oid, 'Asset', 'assetImg', r);
        this.omf.setLocalFile(obj.oid, 'Asset', 'assetImgIdentified', path);
    }
    this.res = resTask.getBody();
} catch (ex) {
    this.logger.info(ex.toString());
    this.ex = ex.toString();
}
```

图 24-9　车型识别服务的后端脚本实现

将前后端脚本综合在一起，就可以看到识别图片的调用过程(见图 24-10)。首先要看被编辑的图片是否处于被编辑的状态，如果不是就会显示信息"请先保存后识别"。如果是被编辑的状态，调用 callServer().then()就开始启动后端脚本。后端脚本启动时，先获取令牌，然后进行车型识别的 RESTful API 调用，紧接着调用全局函数 drawResult，把 Asset、assetImg 及 carAi 识别出来的信息当作参数传入，这样就能返回一个带图框的图片信息。有关全局函数如何在 DWF 中

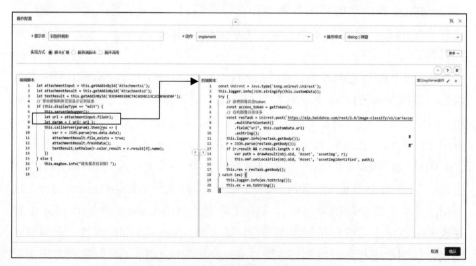

图 24-10　前后端调用百度 AI 程序

定制的方法后面会介绍。将函数 this.omf.setLocalFile 设置为当前设备对象，也就是 assetImgIdentified，按照 path 路径返回识别的图片。所有操作完成后，最终结果用 JSON 字符串的形式返回到前端，这个从后端返回前端的 res 就是后端末尾的 res。图片识别完毕后刷新，就可以把结果展示出来，如图 24-11 所示。

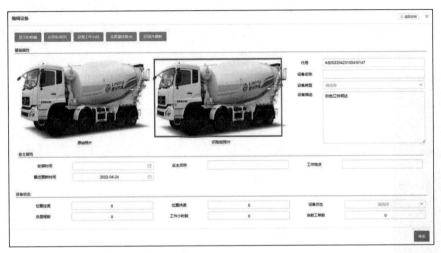

图 24-11　车型识别效果图

在手机上也可以识别图片，前面章节已经介绍过如何定制手机界面的表单。可以在手机工单的定制界面中拖曳按钮绑定一个"识别车型"的操作，也可以在手机工单的图片变更事件中更改为"识别车型"，一旦更改之后，可以用 callServer() 命令进行 AI 识别。返回结果之后，设置手机上相对应的属性，然后使用 getAddinById 和 setValue 获得返回的结果。图 24-12 是手机拍照自动识别在工单描述中识别出来的颜色车型。

图 24-12　手机拍照自动识别

24.3.4 全局函数

在前面的介绍中，车型识别、手机图片识别、批量识别功能都是通过全局函数 getToken、drawResult 来实现的，利用全局函数可以帮助用户实现代码的复用。在 DWF 环境中，打开功能模型，里面有个全局操作。当然用户可以自定义新增全局函数，单击"新增全局函数"就可以直接编译。在 DWF 中，后端脚本的任何一个地方都可以调用这个全局函数。在前端的表单中也可以使用全局函数来控制表单，如图 24-13 所示。

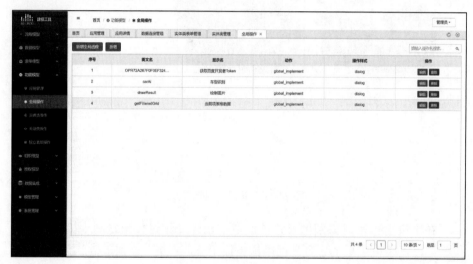

图 24-13　DWF 的全局函数

1. 获取令牌函数

单击全局函数"获取百度开发者 Token"的"编辑"按钮就会出现"全局函数"的弹框，在实现方式中勾选"后端函数"，意思是后端函数可以随时调用。这个函数以 function 开头，这也是函数的标准形式。图 24-14 展示了 getToken()函数的内容，通过引用 Unirest 获得对 RESTful API 调用的入口，然后利用 https://aip.baidubce.com/oauth/2.0/token 的入口类，将 AK 和 SK 作为参数交换得到令牌，接着经过 getBody 之后将 access_token 返回。

```
function getToken() {
    const Unirest = Java.type('kong.unirest.Unirest');
    const ak = "x1********pj";
    const sk = "Zd********t1";
    // 获得图像识别 token
    const response =
Unirest.get(`https://aip.baidubce.com/oauth/2.0/token?grant_type=client_credentials&client_id=${ak}&client_secret=${sk}`)
        .asString();
    var body = response.getBody();
    return JSON.parse(body).access_token;
}
```

图 24-14　车型识别函数

2. 绘制图片函数

从识别图片服务中识别出来的车都带有红框，在上面的例子中，后端脚本就是直接调用 DWF 的全局函数实现这个红框的。全局函数中有个 drawResult 函数，图 24-15 展示了该函数的部分内容。这个函数先把图片读到内存中，在位于内存的图上画一个图框，然后把内存中的数据提取出来变成一个临时文件，返回时把这个临时文件的路径返回。该函数开始做的基础准备就是把 awt.Color、Font、Graphics、BasicStroke 这些 Java 函数引入，然后利用 this.omf.getFilePath 获得设备中图片的路径。如果 assetImg 属性中有文件，就把文件的路径取出来，假定 resultPath 临时为空。后续操作是从文件中读取图片。ImageIO.read ImageIO 这个类的静态方法，用于把从文件中读取的图片存放到内存中，然后使用 new BufferedImage 函数获得图片的尺寸、类型等。接着对这些高度、宽度数据进行取整。获得图片的画笔，开始用 drawImage 把图片画到画板上，设置字体、大小、颜色、粗细等。使用函数 drawRect 画一个框图，包括高度、宽度，之后把画板 dispose 掉。这部分操作完成之后就创建一个文件，文件名为 obj.oid，然后将这个临时文件输出到文件中得到绝对路径。当然，如果中途退出，就让操作系统删除这个文件，最后返回结果。以上就是绘制图片的过程。

```
function drawResult(targetObj, targetClass, targetAttr, result){
    // 根据识别的结果在临时文件里绘制
    var Color = Java.type('java.awt.Color');
……
    try {
        f = new File(path);
        img = ImageIO.read(f);
    } catch(e) {
        this.logger.error(e.toString());
    }
    temp = new BufferedImage(img.getWidth(), img.getHeight(), BufferedImage.TYPE_INT_RGB);
    x = Math.round(r.location_result.left);
……
    g = temp.getGraphics();
    g.drawImage(img, 0, 0, null);
……
    f = File.createTempFile(obj.oid, 'png');
    try
    {
        ImageIO.write(temp, "png", f);
        resultPath = f.getAbsolutePath();
        f.deleteOnExit()
    }
    catch (e)
    {
        this.logger.error(e.toString());
    }
    return resultPath;
}
```

图 24-15　drawResult 函数的部分代码

24.4　小结

本章主要结合车型识别服务，讲解了后端非结构化数据(如图片)的处理方法，包括车型识别服务的令牌申请、参数传递和结果格式。介绍了 DWF 内置的一些基本函数，如 getString、getByteArray、getFilePath 和 setLocalFile。还介绍了有关后端脚本的高级技巧，在 DWF 的后端脚本中可以完全使用 Java 函数 var Type = Java.type("full class name");，通过这种方法可以使用 JDK 中的所有类。前后端配合的一个经典方法是 this.callServer()，这个函数将后端内容读取完毕之后通过 then 将数据从后端带到前端。实际工程中识别 AI 的场景还是比较复杂的，识别的效果并不好，需要进一步更新算法，增加训练次数以提高识别的精确度。

第 25 章　物联网应用基础

了解了 Echarts 的基本内容后，现在可以开始学习物联网数据采集的技术了。DWF 中内置有 IoTDB 数据库，读者也可以从 IoTDB 官网下载并安装它。本章主要介绍 IoTDB 物联网数据库的基本概念，简单输入命令以查询设备中传感器的布置方法，还讲解了如何利用 DWF 调用物联网数据库来读写数据。本章以振动分析为例，介绍了转动轴振动的数据集，从而实现转动轴的滚动数据展示。

25.1　手机模拟终端设备收集转速

本节以手机代表采集设备(见图 25-1)，选择设备代号后每秒向实训环境的 IoTDB 发送转动轴的转速数据，然后以 PC 端代表数据看板(见图 25-2)，实时查看数据的变更情况。用户可以在手机表单的定时器中对分享的二维码用微信扫描，单击"向 IoTDB 写入数据"，选择设备，在"上报人名"中输入自己的名字，就可以在图中看见传输的数据。

图 25-1　采集数据

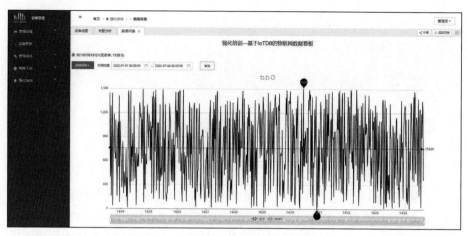

图 25-2　数据看板

25.2　物联网数据库 IoTDB 的基本概念

IoTDB 是针对时间序列数据进行收集、存储与分析一体化的数据管理引擎，具有体量轻、性能高、易使用的特点，完美对接 Hadoop 与 Spark 生态，适用于工业物联网应用中海量时间序列数据高速写入和进行复杂分析的场景。

IoTDB 是清华大学软件学院在 2011 年的"863 计划"攻关之后，针对工业数据有很大的潜力而着手开发的易用、简单的轻量级数据库。但是为了能接入海量数据，于 2017 年在 GitHub 中公开，2018 年进入 Apache 孵化器，2020 年晋升为 Apache 顶级项目。IoTDB 是一款始于中国高校，历练于工业用户，成长成熟于开源社区的软件。

使用 IoTDB 需要了解设备和传感器两个基本概念。在设备中有设备路径、传感器，传感器的数值在 IoTDB 中代表时间序列。在传感器中有传感器数据类型，包括布尔值、整型、长整型、单精度浮点数、双精度浮点数、字符串等 6 种类型，日期可以用长整型的时间戳来表示。

25.2.1　设备和设备路径

如图 25-3 所示，设备路径是通过类似文件夹的概念来表示的。在 IoTDB 中以 root 开始，如果在北京地区，就用 root.Beijing 表示。设备类型如果是油车，就表示为 root.Beijing.petrol_vehicle。油车的代号分别为 VIN1、VIN2、VIN3、VIN4，表示有 4 辆油车；如果要表示第二辆油车，就表示为 root.Beijing.petrol_vehicle.VIN2。

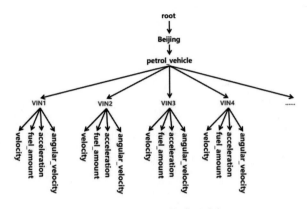

图 25-3 设备和传感器路径

25.2.2 传感器

一个设备可以部署很多传感器，比如速度传感器 velocity、角速度传感器 angular_velocity 以及虚拟传感器。此外像控制开关、存储的程序盒子，为方便这些数据的存储，也可以将其定义为传感器。如果要访问北京地区第二辆油车的角速度，设备路径可以写为 root.Beijing.petrol_vehicle.VIN2.angular_velocity。

25.3 通过实训环境管理 IoTDB

25.3.1 在实训环境命令行打开 IoTDB

在 DWF 的实训环境中，将网址中的 dwf 以及之后的内容全部删除，然后添加 code-server 并输入密码，进入在线开发环境。单击左上角的 application menu，在 Terminal 中选择 New Terminal，进入运行的终端环境。输入 /opt/apache-IOTDB-0.13.1-SNAPSHOT-all-bin/进入 IoTDB 的安装目录中，接着输入./sbin/start-cli.sh 启动 IoTDB 的客户端。图 25-4 显示了实训环境自带的 IoTDB 客户端。

IoTDB 提供了系列查询语句，可以获取各种数据。例如，想要查看 IoTDB 的版本，直接输入 show version，就会显示当前使用的 IoTDB 版本。输入 show devices 会显示当前存储在 IoTDB 中的设备，待测试的数据也被视为一个设备显示。输入 show timeseries 会显示设备上布置了哪些传感器，待测试的数据也会被视为一个传感器显示。图 25-5 显示了 IoTDB 数据库中包含的设备。

图 25-4　打开实训环境自带的 IoTDB 客户端

图 25-5　显示 IoTDB 数据库中包含的设备

如果要向数据库写入数据，可输入 insert into root.test.mydevice(timestamp, rpm, online) values (now(), 1321, true)，然后继续使用 show devices 命令，就可以看见设备中增加了一个 root.test.mydevice 设备。使用 show timeseries 命令，可以看见时序数据中增加了 online、rpm 两个时序数组。如果要查询数据，可输入 select * from root.test.mydevice 命令，然后传感器的时序数列就会显示出来。首先会显示一个时间戳，然后会显示传感器的全部路径，之后会显示取值。有关 IoTDB 的增删改功能及其提供的一系列高级查询功能，读者可以在不断学习中去体验。

25.3.2 向 IoTDB 中导入时序数据文件

如果已经有实验数据，想把这个数据导入 IoTDB 中，可以使用 IoTDB 的文本数据导入工具./tools/import-csv.sh -h localhost -p 6667 -u root -pw root -f xxxx.csv。这个命令是在工具后面导入 CSV 文件，然后指定一个 IoTDB 的路径。在实训环境中 IP 就是本机 localhost，默认是 IoTDB 监听的 6667 端口。接下来是用户名和密码，默认都是 root，之后是文件的路径 xxxx.csv。如果导入的数据是将高频传感器和低频传感器组合在一起的 CSV 文件，那么这时应该将其单独存储，或者如果这个时间序列的传感器和采集的周期不一样，但是组合在一个 CSV 文件中，就需要分开导入。导入时第一列是时间戳，time 是按照 yyyy-MM-dd'T'HH:mm:ss.SSSZ 这种时间戳的格式。如果要精确到纳秒，需要用时间戳转换工具将其转换成为 17 位的整型数。这里导入的是振动传感器的数据，采样频率是每秒钟 4096 个点，因此需要导入纳秒级的精度。第二列是传感器的全路径名称 root.test.id.v_in(DOUBLE)，这个路径中括号内是数据的类型，如双精度浮点数是 DOUBLE、整数是 INT32、INT64。将图 25-6 所示的文件导入 DWF 的开发环境中，在目录 DWFCODER 中新建一个文件夹 data，然后右击该文件夹，从弹出的快捷菜单中选择 upload 菜单选项，就可以把数据上传到开发环境中。导入数据后在 IoTDB 中输入 exit，继续输入./tools/import-csv.sh -h localhost -p 6667 -u root -pw root -f 之后把上传的文件路径复制到后面，输入-aligned false，然后按回车键，出现 Import completely 字样就说明数据已成功导入。

	A	B	C	D	E	F
1	time	root.test.round00.v_in(DOUBLE)	root.test.round00.Measured_RPM(DOUBLE)	root.test.round00.Vibration_1(DOUBLE)	root.test.round00.Vibration_2(DOUBLE)	root.test.round00.Vibration_3(DOUBLE)
2	1656604800000200	2.65E+00	7.77E+02	1.03E-03	1.54E-03	3.44E-03
3	1656604800000400	2.65E+00	7.77E+02	3.97E-04	2.00E-03	4.72E-03
4	1656604800000600	2.65E+00	7.77E+02	1.39E-03	7.74E-04	4.34E-03
5	1656604800000800	2.65E+00	7.77E+02	1.90E-03	5.39E-04	2.98E-03
6	1656604800001000	2.65E+00	7.77E+02	-2.97E-04	6.70E-04	3.41E-03
7	1656604800001200	2.65E+00	7.77E+02	-4.20E-04	1.21E-03	3.88E-03
8	1656604800001400	2.65E+00	7.77E+02	1.20E-03	1.40E-03	3.84E-03
9	1656604800001600	2.65E+00	7.77E+02	2.46E-03	1.01E-03	3.37E-03
10	1656604800001800	2.65E+00	7.77E+02	2.26E-03	1.82E-03	3.29E-03
11	1656604800002000	2.65E+00	7.77E+02	3.37E-04	1.02E-03	4.15E-03
12	1656604800002200	2.65E+00	7.77E+02	-3.31E-04	4.11E-04	4.31E-03
13	1656604800002400	2.65E+00	7.77E+02	8.01E-04	1.04E-03	3.51E-03
14	1656604800002600	2.65E+00	7.77E+02	1.88E-03	1.29E-03	3.25E-03
15	1656604800002800	2.65E+00	7.77E+02	1.13E-03	-5.96E-05	4.03E-03
16	1656604800003000	2.65E+00	7.77E+02	-1.12E-03	2.08E-03	3.92E-03
17	1656604800003200	2.65E+00	7.77E+02	3.41E-03	1.23E-03	2.60E-03
18	1656604800003400	2.65E+00	7.77E+02	1.39E-03	-1.05E-03	3.19E-03
19	1656604800003600	2.65E+00	7.77E+02	-1.75E-03	3.13E-03	4.65E-03
20	1656604800003800	2.65E+00	7.77E+02	2.29E-03	4.03E-04	4.05E-03
21	1656604800004000	2.65E+00	7.77E+02	6.51E-04	-2.69E-03	3.55E-03
22	1656604800004200	2.65E+00	7.77E+02	1.03E-04	2.53E-03	3.22E-03
23	1656604800004400	2.65E+00	7.77E+02	2.07E-03	5.17E-03	2.96E-03
24	1656604800004600	2.65E+00	7.77E+02	1.47E-04	-4.14E-03	4.77E-03
25	1656604800004800	2.65E+00	7.77E+02	1.19E-03	4.30E-04	3.82E-03
26	1656604800005000	2.65E+00	7.77E+02	1.61E-03	4.28E-03	2.77E-03
27	1656604800005200	2.65E+00	7.77E+02	3.50E-04	-1.20E-03	3.04E-03
28	1656604800005400	2.65E+00	7.77E+02	1.60E-03	6.41E-04	3.84E-03
29	1656604800005600	2.65E+00	7.77E+02	2.48E-04	1.83E-03	4.43E-03
30	1656604800005800	2.65E+00	7.77E+02	-7.67E-04	-4.04E-04	3.71E-03
31	1656604800006000	2.65E+00	7.77E+02	3.65E-03	3.81E-05	2.52E-03
32	1656604800006200	2.65E+00	7.77E+02	-1.41E-04	8.02E-04	3.49E-03
33	1656604800006400	2.65E+00	7.77E+02	-1.80E-03	1.65E-03	4.29E-03
34	1656604800006600	2.65E+00	7.77E+02	2.91E-03	3.09E-04	2.48E-03
35	1656604800006800	2.65E+00	7.77E+02	8.61E-04	-1.08E-03	3.08E-03
36	1656604800007000	2.65E+00	7.77E+02	9.82E-04	2.08E-03	3.60E-03
37	1656604800007200	2.65E+00	7.77E+02	1.53E-04	1.80E-03	4.54E-03
38	1656604800007400	2.65E+00	7.77E+02	1.96E-04	-1.27E-03	4.12E-03
39	1656604800007600	2.65E+00	7.77E+02	2.07E-03	1.14E-03	2.81E-03
40	1656604800007800	2.65E+00	7.77E+02	5.28E-04	1.08E-03	3.21E-03

4D_11_withtime

图 25-6 导入的 CSV 文件

完成数据导入后，就可以查询 IoTDB 的数据了，使用的是 select * from root.test.mydevice 命令。启动 IoTDB，输入./sbin/start-cli.sh，然后输入 select * from root.test.round00 limit 10，显示的数据就是导入的振动传感器的数据，如图 25-7 所示。

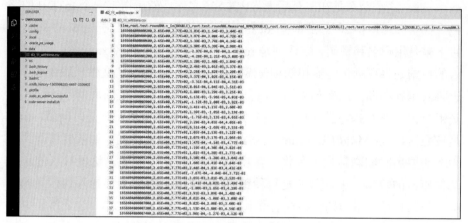

图 25-7　查询导入数据

要想把设备存入 IoTDB 中，需要用到一个全局唯一标识，这个标识前面应该有个前缀，存储的路径是 root.fleet.[车号]，如 root.fleet.BC1010313120 指的是 BC1010313120 这辆车的路径。传感器的存储是根据设备对应的传感器的代号来进行的，如每分钟的发动机转速为 root.fleet.BC1010313120.rpm，或者系统的压力为 root.fleet.BC1010313120.pressure。存储之后，访问数据的方法就是按照命令 select * from root.fleet.BC1010313120 进行查询。如果说设备的生产商可以把设备卖给客户 1、客户 2，就可以把路径重新布置一下，如 root.[公司名称].[客户名字].[设备的 SN 号]。举个例子，若某发电集团已经有了每台设备的位置号或者每个传感器测点的位置号，那么路径就是 root.[集团缩写].[电站缩写].[SSC 架构].[位置代号]。

25.4　利用 DWF 脚本操作 IoTDB

25.4.1　通过 RESTful API 调用 DWF 中内置的 IoTDB

IoTDB 提供了几种调用数据的方法，这里使用一种比较简单的方法，就是直接通过互联网向 IoTDB 传输数据。IoTDB 的官网上提供了很多调用接口的方法，例如，Java 程序员希望使用 Java 原生接口来调用数据，如果只会使用 Python，就用 Python 接口。对硬件开发者来说，经常使用的是 C++，因此就使用 C++接口。本节主要使用 RESTful 接口，这个接口的优点是不用写程序，只需要在浏览器中生成一个请求，就可以把数据写进去。

实训环境中内置的 IoTDB 已经配置好子文件及子路径，具体的配置路径如下。

- 测试连接(GET)
  http://[实训环境的 URL]:8180/iotdb/ping
- 数据查询(POST)
  http:// [实训环境的网址 URL]:8180/iotdb/rest/v1/query
- 数据操作(POST)：单个写入，如低频开工测点
  http:// [实训环境的网址 URL]:8180/iotdb/rest/v1/nonQuery
- 批量写入(POST)：批量写入，如高频振动信号
  http:// [实训环境的网址 URL]:8180/iotdb/rest/v1/insertTablet

这里的 8180 之前的网址是用户自己的实训环境的网址，用户可以根据自己的网址内容替换以上网址。测试链接指的是测试 IoTDB 是否能连通，如果显示 success 就表示是连通的。数据的查询用的是 query，这个命令可以用之前 IoTDB 提供的 select 语句代替。数据的单个写入可以用 nonQuery 这个接口，主要是为了配合低频测点，如采集频率每秒几次或者采集分钟级、秒级的数据。如果是高频率信号，如 1 秒钟采集 10,000 个点，因为数据量过大，不能通过互联网快速回传，需要在本地缓存一下，因此采用降频或者截断时间来传输数据，传输的数据可以是分钟级或者是秒级，并用表格的方式来批量传输数据。对应的 RESTful API 的详细说明，可以去官网查询。

图 25-8 中所示是一个查询的案例，从 fleet 的第一台设备开始查询，limit 2 是指两组值，这是 IoTDB 自带的用来查询最新值调用的语法，前面加 last 意指返回最新的值。每个设备只返回最新的那条数据，该数据的第一个属性是 expressions，因为查询的是最新值，所以此处设置为空。第二个属性是列的名称，返回三列，第一列是时间序列，第二列是时间序列的取值，第三列是时间序列的类型。在本章介绍的案例中，要根据时间序列的名称，转换成供用户点选的列表，再把取值以括号中的形式传输到数据采集模块中。

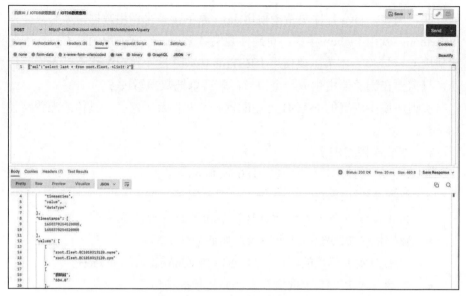

图 25-8　IoTDB 查询返回结果

25.4.2　在 DWF 中向 IoTDB 写入数据

向 IoTDB 写数据要把准备工作做好，需要认证后才能向 IoTDB 写入数据，传输数据之前要获取用户名和密码。第一步是对连接数据的用户名和密码进行加密：var token = btoa('root:root');，btoa 是浏览器自带的函数，用户名、密码用冒号分隔，这样就会得到一个加密过的令牌。在之后的命令 var headers = { 'Authorization': 'Basic ${token}' };中，Authorization 表示授权，冒号之后的 Basic 把${token}传进来，这样就完成了连接数据的工作。

连接数据的工作完成后就需要按照需求组织好调用的参数，查询就是使用命令 query，按照 var url = http://${this.env.serverIp}: ${this.env.serverPort}/IOTDB/rest/v1/query 即字符串拼接的方式进行的，这种查询方式所用的参数是 var params = {sql: 'select * from root.xxx.xxx'}。

如果要写入命令 var url = http://${this.env.serverIp}: ${this.env.serverPort}/IOTDB/rest/v1/nonquery，参数就是 var params ={sql: `insert into root.xxx.xxx() values ()`}。如果是批量写入命令 var url = http://${this.env.serverIp}: $ {this.env.serverPort}/IOTDB/rest/v1/ insertTablet，参数就如图 25-9 所示。

完成前面的工作后，第三步是让 url、params、headers 等参数通过 RESTful API 调用 IoTDB(见图 25-10)，并传到 this.axios.post 中。传入后，如果 IoTDB 处理了这些参数，就会返回一个回调函数。如果请求成功，可以进行后续处理；如果失败，就会提供一个错误提示。

```
var params ={
deviceId: ` root.xxx.xxx`
measurements: [s1, s2, xxx]
dataTypes: [INT32, INT64, …]
timestamps: [1635232143960000, 163523214396001, XXX]
values: [
[xxx, xxx,…] //for s1
[xxx, xxx,…] //for s2
…    ]   }
```

图 25-9　批量写入表格参数

```
this.axios.post(url, params, { headers }).then(function (res) {
    //TODO 请求成功，res 为返回结果
}).catch(function (error) {
    //TODO 请求失败，失败信息 error
});
```

图 25-10　参数调用 IoTDB

25.4.3　用 DWF 手机端模拟上传发动机转速

接下来，在 DWF 中建立一个手机端表单，在表单里面拖入一个定时器控件、一个选择框(用于绑定设备实体类以显示设备代号)、一个仪表盘(用于表示转速)，后续可以补充一个用于显示上报人姓名和持续写入的开关，如图 25-11 所示。这个定时器控件可以设定周期，在 DWF 的定时器周期中，最小单位是秒，也就是每秒会触发一个操作，并且这个操作可以用脚本的方式去实现。

图 25-11　模拟设备每秒写入转速

图 25-12 中的代码演示了手机端表单定时器触发时向 IoTDB 写入数据的过程。首先获取当前时间，在 IoTDB 中时间戳精度是微秒，前端的浏览器一般来说采用毫秒的精度，所以需要将时间扩大 1000 倍。然后通过 Math.random 产生一个随机数，就是用 0~1 的随机数乘以 1500 后把小数点去掉作为转速的随机值。Equipid 用于获取被选中的设备代号。Name 表示上报人员的名字。if 条件语句的内容前面已讲解过。第一个变量表示将 token 准备好，以便准备传输数据，默认的用户名和密码都是 root。在 IoTDB 真正的生产环境中，可以使用其他用户名和密码以防恶意的攻击。然后提供一个 url，这个网址是分配给用户的实训环境。之后拼接上 IoTDB 的后缀，用 insert 语句把要输入的数据拼接起来，该语句中有个 root.fleet.${equipid}，表示下拉选择的设备代号，timestamp、rpm、name 表示传感器的名称，values 表示当前时间、转速数据和上报人名称，然后会生成一个名为 sql 的 JSON 对象。this.axios.post 命令用于

```
var echart1 = this.getAddinById('EChart1');
var selectInput1 = this.getAddinById('SelectInput1');
var textInput1 = this.getAddinById('TextInput1');
var option = echart1.chart.getOption();
var now = (new Date()).getTime() * 1000;
//获取当前时间，精确到微秒
var rpm = Math.round((Math.random() * 1500), 0);
//随机生成一个转速
var equipid = selectInput1.getValue();
//获取被选中的设备代号
var name = textInput1.getValue();
   //获取上报人名称
if (equipid != null) {
    var token = btoa('root:root');
    var headers = { Authorization: 'Basic ${token}' };
    var url = 'http://172-20-0-213.ccyun.nelbds.org.cn:8180/IOTDB/rest/v1/nonQuery';
      //获取上报人名称，默认写入设备的路径模式为：root.fleet.车号，写入上报人名和转速
    var params = { sql: 'insert into root.fleet.${equipid}(timestamp, rpm, name) values (${now},${rpm},'${name}')' };
    this.axios.post(url, params, { headers }).then(function (res) {
        //请求成功，res 为返回结果，在仪表盘上显示信息
        console.log(res);
        option.series[0].data[0].value = rpm;
        option.series[0].data[0].name = '成功';
        echart1.chart.setOption(option);
    }).catch(function (error) {
        // 请求失败，失败信息 error，在仪表盘上显示信息
        console.log(error);
        option.series[0].data[0].value = rpm;
        option.series[0].data[0].name = '失败';
        echart1.chart.setOption(option);
    });
}
```

图 25-12　定时对 IoTDB 写入数据

把这些数据传输给 IoTDB，如果成功，返回结果可以反写到 Echarts 中。option.series[0].data[0].name 和 value 表示仪表盘的内容，代码 echart1 是通过定时器找到这个控件，它有一个 chart 属性，也能实现刚才设置的效果。如果 url 写错，或者密码写错，就会先写入转速数据然后显示失败信息。

25.4.4　用 App 端展示采集结果

新建一个设备类的 PC 端表单，拖入一个定时器控件、一个单选框、一个时序看板。我们希望在表单打开时，首先由定时器控件触发，从 IoTDB 中找到所有设备，之后将其编号作为选项列入时序看板并实时变化。然后，当用户单击设备时，刷新时序看板，就能显示设备的历史转速数据，如图 25-13 所示。

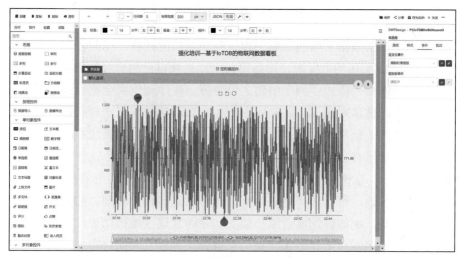

图 25-13　设备看板表单示意图

要完成这个定制过程，需要四步。第一步是连接 IoTDB 的数据源，如图 25-14 所示。在"建模工具"的"数据集成"菜单下，有个"数据连接管理"，单击"新增数据连接"，填写服务器地址为 localhost，服务器端口为 6667，登录用户名及密码是 root，数据库版本为 0.11，根路径为 root.*。设置完成后单击"测试"，如果连接状态显示"成功"，就说明成功新增了数据连接。DWF 中可以在"数据集成"中连接很多 IoTDB 的数据源。

图 25-14　建立 IoTDB 连接

第二步是在数据采集的表单中设置时序看板的控件，在控件中可以设置标题，选择 IoTDB 的数据源。设备路径可以选择自己想查看的搅拌车，转速和姓名也可以在"添加序列"中随之设置好。在序列里面会把设备本身的传感器列出来，设置为 rpm，标签为"转速"，显示方式可以选择折线图或者梯形图。对于开关量用梯形图是比较合适的，对于模拟量用折线图是比较合适的。显示统计量有显示平均值、显示最大值、显示最小值，这些数据可以在图中自动显示。查询类型有范围查询和采样查询两种，查询类型有一个配置，就是初始的参数，可以选择绝对时间，也可以选择相对时间。后面的开关提供了一种选择，例如纵轴能否缩小放大、是否允许区域拖动放大、是否允许按并行的方式多图显示、是否允许用户选择序列以及时间自定义过滤等。表单配置完成后，在设备管理的网页界面中打开"数据采集"，在时间范围中选择好时间，单击"查询"按钮就可以看见数据的效果。

第三步是定时刷新设备以上报设备信息，这里的难点是每秒钟需要刷新的事件要结合 IoTDB 返回的数据来看。对于单选框显示的选项，有一个数组是 args.list。这个数组需要根据从 IoTDB 中查询出来的数据进行拼接，得到两个结果，分别是 label 和 value，其中 label 是单选框能看见的数据，value 是选择好之后返回的值，调用 get value 时可以得到这个值。这里难度比较大的操作是查询，从 root.fleet 中把所有设备的最新值查出来并获取到，结果是在 RESTful API 中显示"root.fleet"。每次都会显示两条信息，一条是关于名称，另一条是关于转速。将这个结果遍历一遍，查询结束之后先看看时间序列的名称。如果这个名称是以 name 结束的，那么表明是一台新设备出现了。接着用 substring 切除中间数据，然后把后面的数据拼接在一起。将 value 的第一条数据与后面数组的第一条数据拼接，idx 是指数排列的意思，就是两个数组都取第一条数据或者都取第二条数据。label 显示的就是 ID(名称，转速)的形式，中间用逗号进行分隔。调用 list push 后，遍历结束，赋值给 radio。这时单选框会每秒刷新一次，这样就可以看见实时变化的效果了(见图 25-15)。

```
var radio = this.getAddinById("RadioButton1");
//从 IoTDB 中获取最新的时间序列数据
var token = btoa("root:root");
var headers = { headers: { Authorization: `Basic ${token}` } };
var url = `http://i-vi6spjc6.cloud.nelbds.cn:8180/iotdb/rest/v1/query`;
if (this.env && this.env.serverIp){
    url = `http://${this.env.serverIp}:${this.env.serverPort}/iotdb/rest/v1/query`
}
var params = { sql: `select last * from root.fleet.*` };
this.axios.post(url, params, headers).then(res => {
    var list = [];
    res.data.values[0].forEach((obj, idx) => {
        //TODO obj 为当前的对象
        if (obj.endsWith("name")) {
            var id = obj.substring(11, 23); //获取设备 ID
            var item = `${id}(${res.data.values[1][idx]},
                ${res.data.values[1][idx + 1]})`;
            list.push({ label: item, value: id });
        }
    });
    radio.args.list = list;
});
```

图 25-15　定时刷新设备列表

第四步是要求选中设备后控制时序看板进行刷新，并且这个刷新持续显示。在单选框对应的事件中，只要获取 value，按照 targetDevice、target、targetName 组成一个 JSON 数组，然后对时序看板控件的 args.timeSeriesMap 属性赋值，并调用 freshData，就会自动刷新时序看板(见图 25-16)。

```
var board = this.getAddinById('TimeSeriesBoard1');
var radio = this.getAddinById('RadioButton1');
let tsItem = {
    'targetDevice': `root.fleet.${radio.getValue()}`,
    'target': `root.fleet.${radio.getValue()}.rpm`,
    'targetName': ""
}
board.args.timeSeriesMap = [tsItem];
board.freshData();
```

图 25-16　选择设备刷新时序看板

最终，将 PC 端表单绑定到设备管理应用的强化培训、数据采集功能上，即可看到如图 25-17 所示的效果。

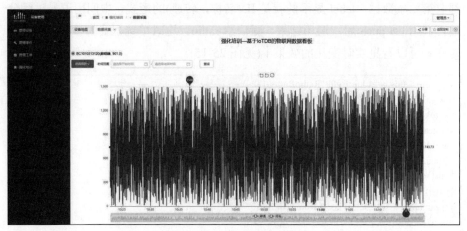

图 25-17　采样数据效果图

25.5　小结

通过灵活使用 IoTDB 可以开发很多与物联网相关的应用。IoTDB 有两个基本概念，一个是设备路径，一个是传感器。后端管理 IoTDB 的实训环境中有个开发环境，可以输入命令直接进入 IoTDB。通过 RESTful API 访问 IoTDB 数据有 4 种方式，分别是 ping、 query、 nonQuery、 insertTablet。通过 DWF 向 IoTDB 写入和查询参数有三步：第一步是将用于连接数据的用户名和密码加密；第二步是按照需求组织好调用的参数；第三步是 url、params、headers 就绪后，通过 this.axios 调用 IoTDB。模拟从互联网手机获取车辆数据，其中数据的写入(手机)操作通过定时器控件和 Echarts 仪表盘来完成。在 Echarts 仪表盘中使用了 chart.setOption();函数，时序看板用来显示(网页)和单选框，其中单选框使用了 args.list 元素，该元素的格式为{label:, value:}，时序看板使用了 args.devicePath。

第 26 章 集成 Python 数据分析能力

DWF 是一个低代码开发工具，本身的数据能力并不强，无法与专业的数据分析工具竞争。但是，DWF 可以借助专业的数据分析能力来实现各种功能。Python 作为数据科学的主流专业软件，有着强大的功能。本章旨在把 Python 放到 DWF 环境中，并且能够和 Python 的运行环境交换数据，使得 Python 可以从 DWF、IoTDB 中读取数据，并且回写到 DWF 中，以及在 Python 中查询 IoTDB 的数据等。

26.1 DWF 中调用 Python 脚本的基本原理

如图 26-1 所示，左侧是实训环境的浏览器，用户在其中操作 DWF，进行各种定制、编写脚本；右边是通过防火墙在工程中心的私有云为每个用户单独创建的独占式训练环境服务器。前后端的 JavaScript 互调已经在前面介绍过，与 Python 集成的原理本质上就是利用 DWF 的服务器执行一段 Python 脚本。Python 的运行过程和 DWF 的后端程序的运行是相互独立的。

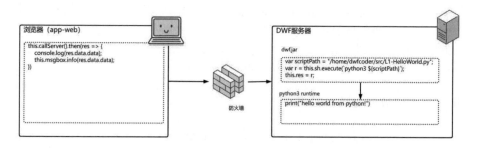

图 26-1 DWF 调用 Python 的基本原理

26.1.1 调用 Python 程序

调用过程中最关键的是数据交换，也就是如何把 DWF 的数据传输给 Python，反过来又如何把 Python 分析的结果返回给 DWF，涉及的很多结果要保存到 DWF 的数据库中以便长期保存。

首先在 DWF 中安装 Python，并且用 Python 试运行一个名为 hello world 的程序。在 DWF 的开发环境中新建一个文件 src，在文件中编写 hello world 程序的 Python 代码。运行之前需要先安装一个 Python 插件，一般会自动出现，直接单击"安装"即可。安装完成后单击"运行"，会出现 hello world 字样，表明 DWF 开发环境中 Python 安装成功，可以运行了。

确保 DWF 的开发环境中 Python 可以运行后，可以考虑如何从 DWF 中把数据传输给 Python。第一步是调用 Python 程序(见图 26-2)，就是一个按钮绑定一个事件。事件脚本的操作类型是 implement，前后端脚本先调用 callServer()，然后把 scriptPath 作为一个变量。这个变量存储的是 Python 脚本在实训环境中存储的路径，这个路径可以从开发环境中复制并粘贴到实训环境的脚本中。用 execute 执行 Python 命令，这个命令的作用与在开发环境中直接执行 Python 命令是一样的，执行完成后会把这个结果以字符串的形式传输到 DWF 中。后端的 res 传输后，前端的 res 就会获取这个数值，然后可以在前端打印并显示这个数据。

```
//前端脚本
this.callServer().then(res => {
    console.log(res.data.data);
    this.msgbox.info(res.data.data);
})
//后端脚本
var scriptPath = "/home/dwfcoder/src/L1-HelloWorld.py";
var r = this.sh.execute(`python3 ${scriptPath}`);
this.res = r;
```

图 26-2　调用 Python 程序

26.1.2 简单数据交换

上一节的内容是反向信息传递，就是将 Python 的信息传递给 DWF，本节内容是正向的信息传递。在 Python 中写一个小的脚本程序(见图 26-3)，在这个小程序中获取 DWF 的信息并打印出来。在 DWF 的实训环境中，先设置一个文本框，再从文本框中取值，之后把这个值拼接到 simpleData 的 JSON 对象中。将 textInput1 设置为文本框的取值，调用 callServer 把这个 simpleData

传递到后端。后端在第一时间获取这个 simpleData 并执行 Python 脚本，把 Python 脚本的结果传递给 res。至此，我们就完成了一个简单的与 Python 互动的程序(见图 26-4)。

```
if len(sys.argv) > 1 :
    print("hello " + sys.argv[1])
```

图 26-3　DWF 与 Python 的互动程序

```
//前端脚本
var textInput1 = this.getAddinById('TextInput1');
var simpleData = {
    textInput1: textInput1.getValue()
}
// this.serverDebugger();
this.callServer(simpleData).then(res => {
    console.log(res.data.data);
    this.msgbox.info(res.data.data);
})
//后端脚本
var scriptPath = "/home/dwfcoder/src/L2-DataExchange.py";
if (this.customData && this.customData.textInput1) {
    var r = this.sh.execute(`python3 ${scriptPath} '${this.customData.textInput1}'`);
    this.res = r;
}
```

图 26-4　数据交换的前后端脚本

26.1.3　修改 DWF 数据

使用 Python 修改 DWF 中的数据是基于实际情况考虑的。例如，一台设备有了故障，需要对这台设备的故障信号运行诊断算法，结果表明这台设备的零部件要发生或者即将发生故障，此时就需要给该设备做备注，说明发动机异常。假如为 DWF 提供了一个 DWFIO.Py 程序，基本原理就是通过调用 DWF 的 RESTful API 来实现对 DWF 数据的更改。用法是在 Python 中直接引用函数及对象 from DWFIO import *，这样就相当于创建了一个初始化的实例。这个初始化的实例要求输入 DWF 的位置，由于 DWF 的实训环境和开发环境是在一起搭建的，因此将该位置直接写为 url = "http://localhost:9090"即可。接下来是 token，这个参数需要从外部传入，传入的过程也比较简单。通过后端脚本 this.user.token 就可以传入，这样可避免暴露用户名和密码，可以从 DWF 直接传递用户的加密令牌，如图 26-5 所示。

```
//前端脚本
var selectInput1 = this.getAddinById('SelectInput1');
var simpleData = {
    selectInput1: selectInput1.getValue()
}
this.serverDebugger();
this.callServer(simpleData).then(res => {
    console.log(res.data.data);
    if (res.data.data != 'failed'){
        this.msgbox.info(`更新成功！`);
    }
})
//后端脚本
var scriptPath = "/home/dwfcoder/src/L3-ModifyDWFData.py";
var cmd = `python3 ${scriptPath} '${this.user.token}' '${this. customData.selectInput1}'`;
if (this.customData && this.customData.selectInput1) {
    var r = this.sh.execute(cmd);
    this.res = r;
}
```

图 26-5　修改实体数据的前后端脚本

　　DWFIO.py 提供了基本的函数以供调用，包括创建实体类对象、删除实体类对象、更新实体类对象、查询对象数组等。函数中的 dict 是一个数据类型，用于创建 str 类型的对象，并且传输到 DWF 数据库中。在将字典传输给 DWF 时，需要调用 Python 数据包的 JSON.dumps(obj)，才能正确地把 Python 对象转换成字符串，这样前端就可以将其获取。前端脚本或后端脚本可以通过 JSON.parse 还原成为 JSON 对象。以下列出了 DWFIO.py 程序提供的一些基本函数及说明。

- def create_obj(self, classname: str, obj: dict) -> dict
  创建实体类对象，其中 obj 为实体类对象，返回被创建的实体类对象
- def delete_obj_by_oid(self, classname: str, oid: str) -> int
  删除指定实体类对象，其中 oid 为字符串，返回 1 表示成功，-1 表示失败
- def edit_obj(self, classname: str, obj: dict) -> int
  更新实体类对象，其中 obj 为 JSON 对象，返回 1 表示成功，-1 表示失败
- def query_objects_by_condition(self, classname: str, condition: str) -> dict
  按照指定条件查询对象的数组

26.2　修改设备 Asset 实体类对象的属性

打开 DWF 应用通道的专题分析网页，在"第三步、修改实体对象"前面的"选择设备"中，选择"BC1010313120"同时单击"第三步、修改实体对象"，出现一个弹框(见图 26-6)。把弹框中的网址复制到新的网页中同时运行，重新打开设备列表并且找到代号为 BC1010313120 的搅拌车，就会发现设备描述中增加了 Modified by python!!的内容。

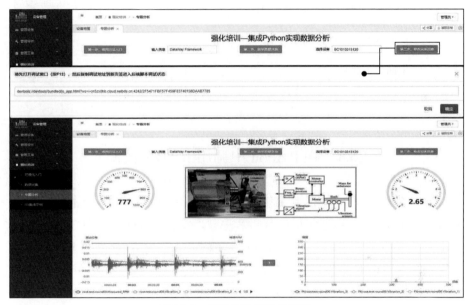

图 26-6　修改实体类对象属性

实现方式如图 26-7 所示，即从命令行参数中获得令牌，然后以 token 登录系统，修改设备描述为"Modified by python!!"，调用 DWFIO 实现对象进行修改，最后的结果用 json.dumps 返回。如果返回 query_objects_by_condition 成功，就会得到正确的返回结果，同时相应设备的内容就会被修改。用户如果是在其他环境下打开 Python，就需要输入 DWF 的用户名和密码以调用结果，在 DWF 环境中用 token 就可以直接登录并修改内容。

```
import sys
from DWFIO import *
if len(sys.argv) > 1 :
    # 需要事先引入 DWFIO.py 可以直接调用封装的接口
    url = "http://localhost:9090"
    token = sys.argv[1]
    my_dwf_io = DWFIO(url=url, token=token)
    #修改对象属性
    oid = sys.argv[2]
    obj = {"oid": oid, "assetDesc": "Modified by python!!"}
    if my_dwf_io.edit_obj("Asset", obj) == 1 :
        res = my_dwf_io.query_objects_by_condition("Asset", "and obj.oid = '" + oid + "'")
        #返回正确的结果
        print(json.dumps(res[0]))
    else :
        print("failed!")
```

图 26-7　修改设备属性代码

26.3　在 Python 中调用 IoTDB 数据

利用 Python 从 IoTDB 中获取数据。IoTDB 中自带一个 Python 接口程序，通过在 Python 中安装这个 IoTDB 的程序包，将其导入即可。图 26-8 中的脚本配置了 IoTDB 的连接，将 ip、port_、username_、password_等填写完整就可以查询 IoTDB 的数据。找到自己需要的数据后，需要将其转换成为 Pandas 格式的数据，这样在 Python 中就可以用 numpy 来操作数据。调用 IoTDB 的方法可以参考 IoTDB 的官网，其中有详细的 Python 接口程序的说明。用 Python 可以调用 IoTDB 的数据，也可以修改数据。

```
from iotdb.Session import Session
ip = "127.0.0.1"
port_ = "6667"
username_ = "root"
password_ = "root"
session = Session(ip, port_, username_, password_)
session.open(False)
result = session.execute_query_statement("SELECT ** FROM root")
# Transform to Pandas Dataset
df = result.todf()
session.close()
```

图 26-8　调用 IoTDB 数据

本章以一个时频转换的分析数据为例，将电机轴承振动信号的分析数据传入 Python 中。3 个传感器的振动信号同时放入 Python 中，前面已经讲解了将 IoTDB 的数据导入 DWF 中并且动态显示。这里如果单击时频转换的按钮，就可以把看见的这段时域数据转换成频域数据显示。图 26-9 展示了前端脚本的内容，其作用是用于获取设备路径和时域快照。当用户按下视频转换的按钮时，首先从 Echarts 中把时域数据的第一个和最后一个数值的时间戳取出来，然后设置传感器对应数据所在的路径，准备好这 3 个值后就传输给后端。如果能成功调用，就将在 Python 中计算好的 3 个振动信号的频域值分别传入 3 个频域序列中，之后重新设置 option 并刷新，就可以把时域数列分析出来的频域结果显示出来。后端脚本中先是把时域数据中的信息传给 Python，然后接收 Python 的结果。

```
// 前端脚本
var echart3 = this.getAddinById('EChart3');
var option3 = echart3.chart.getOption();
var echart4 = this.getAddinById('EChart4');
var option4 = echart4.chart.getOption();
// 提取当前显示了振动数据快照的时间范围
var rangeStart = option3.series[0].data[0].name;
var rangeStop = option3.series[0].data[999].name;
var devicePath = 'root.test.round00';
var customData = {
    rangeStart: rangeStart,
    rangeStop: rangeStop,
    devicePath: devicePath
};
this.callServer(customData).then(res => {
    debugger
    var freqPoints = JSON.parse(res.data.data);
    option4.series[0].data = freqPoints[0];
    option4.series[1].data = freqPoints[1];
    option4.series[2].data = freqPoints[2];
    echart4.chart.setOption(option4);
});
// 后端脚本    // 提取参数：devicepath，时间区间
var scriptPath = `/home/dwfcoder/src/L4-FFTExample.py`;
var cmd = `python3 ${scriptPath} ${this.customData.devicePath} ${this.customData.rangeStart} ${this.customData.rangeStop}`;
var freqPoints = this.sh.execute(cmd);
// 返回结果：频谱变换后的结果
this.res = freqPoints;
```

图 26-9　频域分析代码

26.4 小结

本章主要介绍 DWF 集成 Python 的基本原理，在实训环境中编写 Python 脚本并调试，包括安装 Python 插件并调试。利用 DWF 操作调用编写好的 Python 脚本 this.sh.execute(cmd) 实现了 DWF 与脚本之间的简单参数传递，包括从 DWF 向 Python 正向参数传递 this.sh.execute(cmd p1 p2 p3…)，从 Python 向 DWF 反向参数传递 print()。在 Python 脚本内直接修改对象是通过 DWFIO.py 程序包完成的。需要注意的是，如果用 print() 反向传递数据方式，要使用 Json.dumps，以防止转义字符干扰 dwf 解析结果。最后通过 IoTDB 的 Python 接口，介绍如何在 Python 中操作 IoTDB。

第 27 章　第二部分总结

相比于无代码定制，掌握基于脚本的低代码开发技能还是有一定难度。好消息是，通过 DWF 的低代码开发能力配合定制能力可以满足绝大部分应用开发的需求，只要坚持在实际开发项目中不断摸索和熟悉技巧，就可以不断实现更多新奇的应用。

脚本开发的水平不会一蹴而就，因此本书第二部分的内容并不指望能够全面介绍各种开发技巧，而是帮助读者建立一个对低代码开发能力的框架性理解，在此基础上可以系统性地丰富自己的脚本开发能力。

本着这个出发点，第二部分一开始介绍了 DWF 脚本开发所用的入门函数和全局变量；然后针对数据操作的方法介绍了如何访问单个表单内展示的数据，并将这些数据保存到数据库中；接着围绕表单中更加细粒度的控件介绍了如何通过脚本控制其行为；最后深入到跨表单之间的数据传递和行为控制，并且介绍了后端脚本开发所用的基本方法。至此，你应该具备了 DWF 脚本开发的基本能力。

之后，围绕一些专题进一步介绍了脚本开发技巧，包括与可视化项目 Echarts 集成、与 AI 服务的集成、与物联网数据库的集成以及与一般性的 Python 数据分析脚本的集成。

第三部分

SDK 扩展开发

第三部分面向专业开发人员，介绍如何对 DWF 进行插件的扩展。通过本部分的学习，读者可以深入了解 DWF 的软件体系结构、插件的装配原理、如何对前后端进行硬编码扩展、补充自己个性化的服务等。使用 SDK 扩展开发可以完全释放开发人员的能力，其主要场景是对 DWF 进行特殊能力扩充，从而形成针对特定领域的增强。

DWF 的 SDK 遵循"非侵入、增量式"扩展的设计理念，也就是说，通过 SDK 扩展的功能不要求开发者将其代码并入 DWF 自身的代码。因此允许第三方的企业、机构或个人，可以在不公开核心机密的条件下，在私有代码仓库内完成扩展，开发具有自身独特卖点的增强版低代码开发工具。

第 28 章将从最初搭建开发环境开始介绍如何建立一个完整的二次开发环境，并且在此过程中穿插 DWF 体系结构的介绍；第 29 章重点介绍通过 SDK 搭建的开发环境对应的源代码静态组织结构，并且给出一个经典的 Hello World!例子；第 30 章从后端服务开始介绍如何扩展 DWF 的 RESTFul API，进而增强后端的能力。

从第 31 章开始，集中介绍 DWF 的前端扩展能力；第 31 章扩展前端的操作实现，这是最简单的前端扩展途径，一般针对需要完全定制的前端界面；第 32 章介绍如何通过操作扩展的方式，接管表单中的局部渲染过程，从而实现对表单定制能力的简单扩展。

从第 33 章开始，重点讲解表单引擎的扩展能力，分 3 章由浅入深逐步介绍表单控件开发的方法。首先第 33 章通过构建一个完全静态的表单插件，介绍控件与表单引擎交互时需要考虑的基础接口；第 34 章介绍如何将可配置的选项添加到自定义的表单插件之中；第 35 章则进一步将难度提升到如何在控件里面依据配置加载数据。

相对前面两部分而言，这部分内容的难度更高，因此需要读者已经初步掌握了前后端的专业技术知识。与第二部分中脚本开发的定位相似，仅仅依靠第三部分的内容，无法将实际项目中所有可能用到的技能在本书中进行全面的罗列。因此，本部分的主要目的是让读者形成一个系统性的认知框架，在此框架上可以不断扩展从而培养并形成自己独特的开发技能。

第 28 章　配置本地开发环境

SDK 属于深水区，也就是通过硬编码来扩展功能。本章内容对读者的要求比较高，首先需要了解 DWF 建模功能的基本用法，还需要了解扩展脚本的编写方法。针对 DWF 技术来说，前端开发人员要熟练掌握 JavaScript 和 Vue，因为 DWF 是基于 Vue 构造的，而 Vue 是构建用户界面的渐进式框架。与其他大型框架不同，Vue 被设计为自底向上逐层应用，其核心库只关注视图层，不仅易于上手，还便于与第三方库或既有项目整合，这一点需要读者掌握。

DWF 的前端控件库采用 iView 控件库，iView 是基于 Vue.js 的高质量 UI 组件库，读者可以自己学习这方面的内容。后端开发主要使用 Java，Java 的学习资料也比较丰富，读者可以自己去学习。DWF 后端使用 Java，主要使用 Spring Boot 框架作为后台服务的基础技术。Spring Boot 是一套降低 Spring 开发难度的全新框架，用一些 Java 标注方便开发 RESTful 服务。

28.1　配置开发环境

基础环境需要下载 Python、JDK、Maven、Node，将其全部下载到本地电脑并且安装好，在环境变量中设置好路径。推荐的开发环境是 VS.Code，在 VS.Code 中需要安装 Extension Pack for Java。这个扩展包用于进行 Java 程序的调试，Spring Boot Extension Pack 用于进行 DWF 后端 Spring Boot 工程的调试，Vue VS Code Extension Pack 用于进行前端代码调试，可以实现语法高亮、项目识别、自动引用(见图 28-1)。本地数据库需要安装 PostgreSQL，建议下载并安装 PG 配套的管理工具 PGAdmin 以便管理数据库。

安装好需要的软件后，读者可以自己下载 SDK。获取 DWF SDK 的方法非常简单，打开建模工具，进入"模型管理"的"代码装配"界面(见图 28-2)。单击该界面上的"下载 SDK"按钮，即可获得与当前 DWF 实例配套的 SDK。

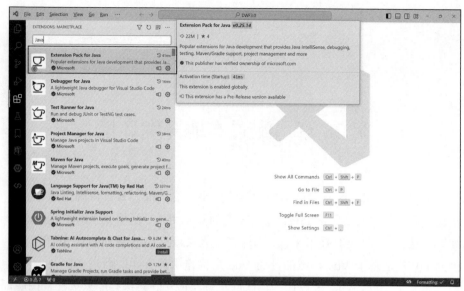

图 28-1　VS.Code 安装 Extension Pack for Java 插件示意图

图 28-2　下载 SDK 开发环境

下载完 SDK 之后，将它放到电脑一个磁盘的文件夹中并且解压它。注意，由于字符集的问题，解压时最好不要用 Windows 自带的 ZIP 工具解压，因为容易出现乱码。成功解压后就可以启动 VS.Code 软件了。在 VS.Code 中找到解压后的文件并打开 DWF3.0，此时用户可以打开文件夹观察列表中的内容，后续内容会介绍文件夹的列表中每个文件的功能及用法。打开 DWF3.0 之后，VS.Code 软件的右下角会自动扫描一些项目，如 Spring Boot，用户单击 build 直接安装即可。

使用 VS.Code 时，先打开顶部的终端并单击"新建终端"按钮，底部会出现一个终端命令。用户可以新建一个空的名为 dataway 的数据库，并且初始化该数据库。数据库的初始化脚本为 scripts\db-backup\db-pure.sql。用户只需要在安装 PostgresSQL 服务器后，启动 PG 自带的 pgAdmin 服务，以 postgres 的名义建立一个名为 dataway 的空数据库，然后在 VS.Code 中新建一个命令行窗口，执行命令 psql -U postgres -d dataway -f scripts\db-backup\db-pure.sql 即可完成数据库的初始化工作。

28.2　建立开发环境

后端开发环境中的几个主要项目分别是 common、app、modeler，这些开发环境项目已经自动配备好了脚本。只要在终端中通过命令进入 scripts 文件，运行 ./codeAssemblyScripts.sh 即可，如图 28-3 所示。这样在初始环境中，会把应该注册到本地的 jar 包给注册进去，然后试图从 Maven 的仓库中提取这些包中的数据。

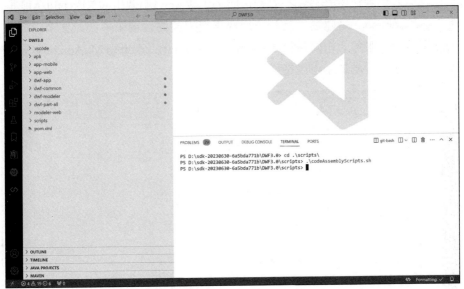

图 28-3　在终端中输入命令自行配备

如图 28-4 所示，在所有的安装包都显示 BUILD SUCCESS 之后，就可以启动后端服务了。

```
[INFO] ------------------------------------------------------------------
[INFO] Reactor Summary for dwf3 1.0-SNAPSHOT:
[INFO]
[INFO] dwf-common ......................................... SUCCESS [  2.279 s]
[INFO] svc-common ......................................... SUCCESS [  1.062 s]
[INFO] svc-app ............................................ SUCCESS [  0.633 s]
[INFO] dwf-app ............................................ SUCCESS [  2.053 s]
[INFO] svc-modeler ........................................ SUCCESS [  0.610 s]
[INFO] dwf-modeler ........................................ SUCCESS [  0.977 s]
[INFO] dwf3 ............................................... SUCCESS [  0.028 s]
[INFO] ------------------------------------------------------------------
[INFO] BUILD SUCCESS
[INFO] ------------------------------------------------------------------
[INFO] Total time:  7.909 s
[INFO] Finished at: 2022-04-29T10:17:23+08:00
```

图 28-4　后端开发环境

28.2.1　启动后端 Spring Boot 调试进程

在 VS.code 环境中如果安装了 Spring Boot Dashboard，那么会自动分析出可以启动的入口项目(如图 28-5 所示)。从图 28-5 中可以看见 dwf-app 入口项目，这个入口项目就是 DWF 环境中的应用端(App 端)调用的 RESTful API 服务，dwf-common 是建模工具和应用都需要用到的后端服务。如果希望启动 App 端的后台服务，按照路径 dwf-app\src\main\java\edu\thss\MyApp.java 展开文件，程序会自动提示可以运行并调试。

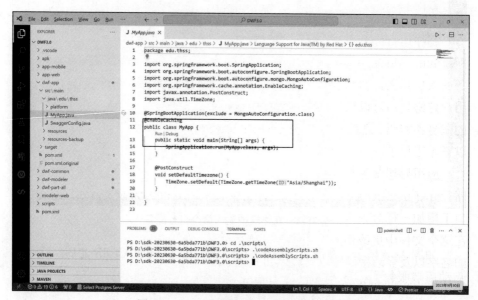

图 28-5　App 后端 Spring Boot 调试入口

在运行之前，要注意本机的端口 6060、8080、9090。如果被其他正在运行的程序占用，需要修改参数。如图 28-6 所示，按照路径 dwf-app\src\main\resources\application.properties 打开文件，如果程序在调试过程中默认使用了 9090 这个端口，并与其他已运行程序所用的 8080 端口发生了冲突，则需要修改这个端口。在 application.properties 文件内增加一行命令 server.port=9090，在应用后端服务默认将其修改为 9090，返回继续运行 MyApp.java 程序。

图 28-6　端口修改

程序运行完后可以在网页上查看这个端口是否运行成功。在网页上打开网址 http: //localhost:9090/swagger-ui.html，这里的 9090 指的就是应用后端服务的入口页面。如果该网页能打开，默认的账号就是 admin，密码是 123456。用户熟练之后可以在 VS.Code 程序中自己更改 application.properties 文件对应的账号和密码。之后就可以进入 RESTful API 的列表网页(见图 28-7)，表示可以开始工作了。

应用后端服务配置完成后，就可以开始配置 modeler 端口。同样也是打开路径 dwf-modeler\src\main\ resources\application.properties 下的文件，在启用端口下增加一行命令 server.port=6060。如果读者希望连接不同的数据库，可以在这个文件中更改不同的数据库，这个文件中有数据库的连接地址、数据库的名字以及登录密码等。启动 modeler 端的后台服务，按照路径 dwf-modeler\src\main\java\edu\thss\MyApp.java 展开文件，程序会自动提示可以 run|Debug 运行。启动完毕后，打开网址 http: //localhost:6060/swagger-ui.html，如果这个 6060 端口也能打开，说明 modeler 端口也已配置好。至此，后端 Spring Boot 调试进程完毕。

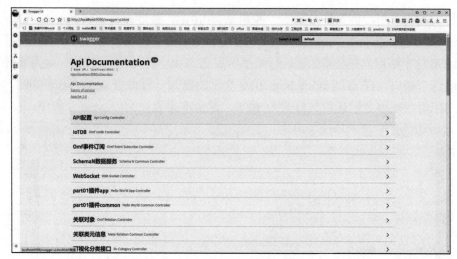

图 28-7　RESTful API 服务

28.2.2　启动前端调试进程

前端调试进程的顺序跟后端调试差不多，也是先安装所有的依赖包，然后启动 modeler-web 和 app-web，如图 28-8 所示。在 VS.Code 环境中进入 modeler-web 文件，在终端中输入 npm install 开始安装前端的依赖包。安装完成后，输入 npm run dev。运行完成出现两个网址，说明运行成功。modeler-web 对应的是 DWF 的建模工具。按 "Ctrl+第一个网址"，进入如图 28-8 所示的网页。同理，可以在 app-web 工程中启动前端调试，进入 app-web，后续安装依赖包的方法是一样的。

图 28-8　在调试状态下启动建模工具

28.3　DWF 的运行架构

图 28-9 所示是 DWF 的运行架构图。首先，底层是一个 PG 数据库，就是本地数据库安装的 PostgreSQL 软件，然后是定制数据库中的模型数据、配置数据和应用数据。中间层是用 Spring Boot 开发的，对外展示出来的就是 RESTful API。服务层有 3 个进程，第一个进程是 monitor.jar，这个进程主要用于控制后面两个进程的启动和停止，并控制后面进程的重新编译。另外两个进程，一个是 modeler.jar，用来访问应用数据，并且是对 DWF 进行模型定制的工具，包括组织、数据、视图、功能、权限、应用发布。还有一个是仅对模型数据进行访问而不修改的 app.jar，用于直接实现的插件驱动机制，包括认证、规则、对象管理、视图展现、主界面框架、文件仓库。服务层的 modeler.jar、app.jar 分别对应 VS.Code 调试程序的 dwf-modeler、dwf-app 这两个进程。前端可以用 Nginx 或者 Tomcat 软件，在界面层中放了 3 个 war 包。第一个是 modeler-web，是用来显示前端界面的，是模型定制工具，包括组织模型、数据模型、表单模型、功能模型、授权模型、应用发布等。第二个是 app-web，是用来显示应用的，主要是 PC 端应用，或者是模型驱动产生的应用，用于实现用户认证、对象管理、表单展现、主界面布局和用户功能。第三个是 app-mobile，用来显示手机前端，指的是模型驱动产生的移动设备端应用，包括手机、平板上的布局、界面和各类数据操作。

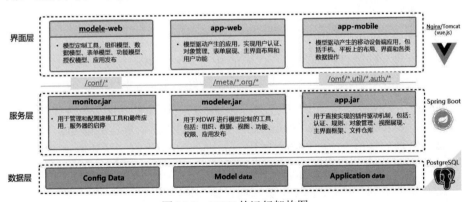

图 28-9　DWF 的运行架构图

在 DWF 内部，开发者可以使用 VS.code、IDEA、WebStrom 这些软件编写代码，最终形式是 .vue、.java、.js、.sql。将这些代码放入代码仓库 GitHub 软件中，然后在私有云中有一条流水线，会第一时间把 GitHub 软件的代码放入其中进行测试，并将代码转化成部署的文件夹或 war 包，也就是 modeler-web、app-web、app-mobile。这 3 个 war 包会部署在正式环境的 Tomcat 服务器上，同时后端的 3 个 Spring Boot 对应的 3 个 jar 包会部署在一个服务器上。第三条 SQL 语句会在安装的第一时间启动数据库。以上是安装包安装完成后启动的一个运行环境。

该环境包括一个 Tomcat 或者 Nginx 服务器，含有 3 个 war 包、3 个 Spring Boot 进程和一个 PG 数据库进程。前端浏览器先从 Tomcat 服务器中把 css、html、js 文件对应的 DWF 首页通过链接下载下来。完成初始化后，通过端口 9090、6060 的 RESTful API 来请求数据。请求数据完成之后利用 JavaScript 编译数据，这些就是核心代码的发布及运行过程(见图 28-10)。

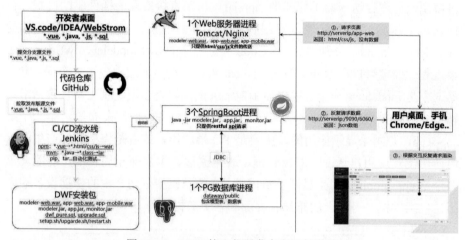

图 28-10　DWF 核心代码发布和运行进程

即将建立的插件代码与核心代码的开发者桌面比较类似，插件代码首先需要下载 SDK 并展开，之后基本上就创建好了类似于核心代码的环境。图 28-11 中的 Vue 工程包括 modeler-web、app-web、app-mobile，Java 工程包括 dwf-app、dwf-modeler、dwf-common，一系列辅助脚本用于装配代码。以上 3 个部分是核心环境，前端启动需要用 npm run dev 也就是调试状态启动，后端是按需启动 modeler.jar、app.jar，调试状态下可以不启动 monitor.jar。如果在本机已经安装 PG 连接 dataway 数据库，并且是远端数据库连接，就可以更改 application.properties 以连接远端的数据库。此外，由于 DWF 采用前后端分离开发的架构，这意味着如果用户只需要开发前端，可以直接启动前端的 3 个工程：modeler-web、app-web、app-mobile，然后直接调用远端的 RESTful API 服务即可。在图 28-11 中，如左边部分所示，将插件开发分为两个小组，分别为插件 1 小组和插件 2 小组，这两个小组可以通过文件夹分割各自的工作。

这样在每个插件中有 3 个文件夹，第一个 part-web 是前端扩展的 Vue 文件，第二个 part-svc 是后端扩展的 Java 文件，也就是 Spring Boot 的 RESTful API 文件，第三个是 part-model 文件，该插件打包的同时需要打个模型包，以便用户在安装插件的同时把模型包释放到 DWF 中以防止插件依赖的模型不存在。

插件平时需要依赖于一个名为 assemble-to.yaml 的文件，称为装配文件，用于指示如何将 part-svc 和 part-web 的代码合并到核心工程的文件之中，其主要工作是把插件工程的文件复制到 DWF 的源代码工程中。

对于 SDK 的调试，可以在左边打开调试环境写好代码，按要求装配到工程中。装配完成后在右边查看结果，结果如果符合预期就定稿，不符合预期就反复修改直到满足要求。之后在 DWF 中有一个名为 assemble 的脚本，可以用 generate 命令把插件打包成 ZIP 文件，这个文件可以放到任意 DWF 环境中去装配。这就是 SDK 开发环境的组成和插件的生产过程。

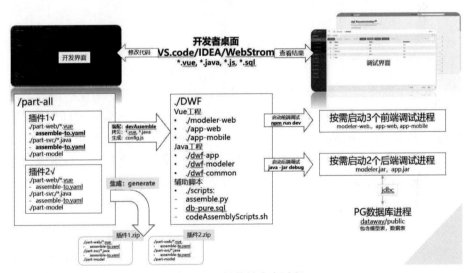

图 28-11　插件的生产过程

插件完成后需要安装到 DWF 环境中。先把插件打包成 ZIP 文件，上传到 DWF 环境中，然后单击"装配"按钮，DWF 的后台就会把插件内容复制到 DWF 环境中，这个环境包含有一个镜像的 SDK 代码框架。在 SDK 代码框架中，自动执行 npm run build 就会产生两个新的 war 包，对应的 mvn clean install 也会产生两个新的 jar 包。其中 war 包是替换到 Tomcat 或者 Nginx 的 war 包，而 jar 包则用于重启 Spring Boot 进程，这样插件就可以实现对新功能中 DWF 代码的装配(见图 28-12)。本地环境搭建好之后就可以导入一个模型包，用户可以尝试体验。

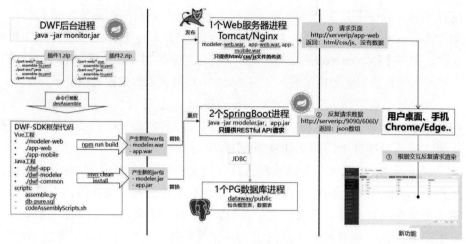

图 28-12　代码的装配与发布

28.4　小结

本章主要介绍了本地环境搭建的过程，包括插件生成、装配的原理，运行时 DWF 包含几个进程及其相互的依赖关系。首先需要配置开发环境，安装 Python、JDK、Maven、Node、Git 等软件并配置到环境变量中，然后下载 VS.Code 作为开发环境，本地数据库可以选择 PostgreSQL 软件。之后启动后端调试环境，打开 RESTful API 网址。也可以启动前端，当看见浏览器的入口时就可以从网页打开它。用户可以导入一个模型包，体验一下本地环境 DWF 的功能。

第 29 章 DWF 插件开发入门

前面讲解了插件生产过程、装配的基本原理，其结构跟后端运行的体系结构是有关系的。本章将开始深入到插件内部，尝试写一个 hello world 插件内容。主要内容是了解插件源代码的组织结构、插件装配文件的写法，学习插件调试的命令(包括清理、装配、打包的命令)，然后编写一个简单的插件操作。最后介绍如何添加相应的依赖包，包括前端和后端的依赖包。

29.1 插件源代码的组织结构

图 29-1 展示了从 DWF 环境中下载 SDK 后用 VS.Code 建立的调试环境。插件位于 dwf-part-all 中，dwf-part-all 意指 DWF 所有的插件。part01 是一个插件本身源代码所在的位置，用户可以把 part01 修改为自己喜欢的名字，也可以复制为 part02、part03、part03 等。图中左下角有个 zipfiles，这个文件是插件生成之后通过 generate 指令在现场装配的插件包。在 SDK 解压的路径(如 D:\Users\PC\sdk-20211231-f373df7f7\DWF3.0\scripts)中输入代码 python .\assemble.py generate 即可生成 part 装配包。

打开 part01 可以看见 part-svc，这个文件是用于存储插件服务器部分的源代码，将会装配到 Spring Boot 工程中，对应的关系是 dwf-app。源文件会在编译时链接到 dwf-app 工程，在应用后台服务的 RESTful API 中可以看见。common 将源文件复制到 dwf-app/modeler 工程，能在 app 端和 modeler 端看见，即两端都会复制一份。modeler 指的是源文件将会复制到 dwf-modeler 工程中，只能在建模端后台服务中(后称为 modeler 端)看见。如果有不在 Maven 的仓库中的 jar 包，可以将其放到 lib 包中。lib 中有个 install 脚本，可以将它装配到 DWF 服务器的 jar 包中。以上为后端的代码结构。

前端源代码是 part-web，会装配到 modeler-web、app-web、app-mobile 这些工程中。对应的关系就是 app 将文件复制到 app-web 工程中，mobile 将文件复制到 app-mobile 工程中，modeler 将文件复制到 modeler-web 工程中，common 会将文件复制到所有的前端工程中。前端后端两个主要的源文件在 part-svc 与 part-web 文件夹中。assemble-part.yaml 文件是 DWF 的装配指示文件。在开发环境下或生产环境下装配时，SDK 自带的装配脚本会扫描上述目录中的源文件，然后生成一个 assemble-to.yaml，将 SDK 装配脚本中的源代码复制到代码架构中。

图 29-1　插件源代码的组织结构

29.1.1　插件后端代码的组织结构

展开 part-svc，接着展开 common，可以看到组织结构是 src\main\java\edu\thss\platform。然后是 3 个文件夹，第一个文件夹 controller 是用来对外发布 RESTful API 的 Java 文件，第二个文件夹 entity 是用来定义前后端交换数据格式的 Java 文件，第三个文件夹 service 是接受 controller 的调用访问数据库，在这里起到中间层的作用。target 是编译后的 class 文件，assemble-to.yaml 是默认的装配指示文件，pom.xml 是插件对外的依赖项（见图 29-2）。

图 29-2　后端代码的组织结构

29.1.2 插件前端代码的组织结构

前端代码的组织结构与后端的区别较大。第一个文件 forms 是表单控件对应的 vue 文件，这个文件在具体装配时会默认安装在路径为 app-web\src\assemble_components\form\[插件名]的文件中。第二个文件 operation 是操作对应的 vue 文件，将会被复制到路径为 app-web\src\assemble_components\ operation\[插件名]的文件中，这样就可以合并到核心代码中。第三个文件 public 是静态资源文件，将会被复制到 app-web\public 文件中。assemble-to.yaml 是默认的装配指示文件，会自动更新对应的config.js 文件，也就是记录的内容对应地会被 DWF 的装配脚本更新到 app-web 或是 modeler-web 文件中，这样前端就可以感知到插件的存在(见图 29-3)。

图 29-3　前端代码的组织结构

29.1.3 装配指示文件

装配指示文件是 assemble-to.yaml 文件(见图 29-4)，用于告知 DWF 在这个文件下有哪些内容需要合并到核心代码中。代码区中第一行的 config:采用典型的 yaml 格式，第二行的 ignore:表明了后面的哪些文件可以忽略，第三行的 info:是装配的实质性内容。以 part-web 为例，name:具体内容是 modeler 建模端的装配指示文件，cnname 是中文名以便阅读。插件中不同文件夹下面的 name 和 cnname 各不相同，但是在 SDK 中已经将其初始化，所以也无需改变。

forms:表示的是表单控件，如果第一部分代码 Calendar.vue:后面是文件名并且这个 Calendar 要放到表单建模工具中，那么图标 icon:就会显示'md-reverse-camera'。代码 cname 是显示名的中文名字，type 是说隶属于哪个分类的标签，如单对象标签、布局标签、多对象标签、可视化标签等。第二部分代码 oprations:是操作插件的意思，起始代码 mdlOpr.vue 是 vue 文件，意思是将某个文件合并到操作插件时，icon 和 cname 的具体内容。第三部分 mobileForms 是用于 mobile 的表单控件，它与前面的 PC 端 forms 是一样的。mobileOperations:是指 mobile 操作插件，在配置应用时，可以设置操作并且在其中可以选择插件，之后就会装配插件的名字。代码 dependencies:默认如果没有对外依赖就将其包含在一个大括号中，如果有对外依赖就直接写上去，如 vue-calendar-component:^2.8.2。

图 29-4　装配指示文件

调试环境中主要使用两个装配命令。一个是装配脚本 python assemble.py，之后加上参数 devClear，如 python assembly.py devClear，表示把现在已经装到核心代码中的文件(类似于 calendar.vue 之类的文件)都清理掉，也就是清除核心代码中的插件。另一个是 devAssemble，它以调试方式在开发环境中自动装配指示文件中指定的文件。调试完毕后就需要封装，封装是指使用命令 python assemble.py generate 把所有的 part01、part02、part03 文件都打包，然后 zipfiles 文件中就会出现这些文件的插件。如果只需要打包一个 part01，那么就指定特定的插件打包。为此，需使用 python assemble.py generate part01 命令。

装配完成后打开 DWF，在"模型管理"中找到"代码装配"，单击"上传插件包"，上传完毕后单击开关按钮(开关指的是需要装配这个插件)，之后就可以单击"装配"了，在"装配"中可以单击"查看日志"来观察日志。

29.2 菜单的操作插件

下面以 hello world!!!为例，简单介绍菜单的操作插件的写法。在路径 dwf-part-all\part01\part-web\common\operations\commonOpr.vue 下添加一个 vue 文件，其内容如图 29-5 所示。就是展示一个 icon，后面显示 hello world!!!的提示，然后 name 就是 helloWorldOpr。在路径 dwf-part-all\part01\part-web\common\public\assemble-to.yaml 下将 name 和 cname 的内容填写好，就可以进行装配了。

```
<template>
    <Alert show-icon>hello world!!! </Alert>
</template>
<script>
export default {
    name: "helloWorldOpr"
};
</script>
<style scoped>
</style>
```

```
config:
  ignore:
  info:
    part-web:
      name: common
      cname: common
      forms:
      operations:
        commonOpr.vue:
          name: commonOpr
          cname: "入门插件"
          dependencies: {}
```

图 29-5 菜单的操作插件

装配之前先把插件清空，直接在 VS.Code 中按照路径进入\scripts 并输入 python .\assemble.py devClear，SDK 的装配程序开始自动清除插件。清除完毕会显示 devClear done 字样，并且 modeler 和 app 中所有对应的插件都被清理，如图 29-6 所示。打开 app-web 文件夹，在路径 app-web\src\ assemble-components\form 或者在 operation 中都可以看见 config.js 文件，清理成功后 config.js 中的内容被彻底清空。

清理完插件就可以开始装配刚才写的 hello world 小插件了，代码命令为 python .\assemble.py devAssemble。装配完毕后可以看见刚才的 config.js 文件发生了变化，里面填充了 hello world 代码的各种数据。将 config.js 文件的内容格式化，之后可以看见在 operation 中，实际上装配了两个插件，一个是 app 端的 commonOpr，就是 SDK 自带的 vue 文件；另外一个在 modeler 的 app 端，名为 appOpr。

在路径\modeler-web 下输入 npm install 及 npm run dev 安装运行依赖包。运行完毕按"Ctrl+网址"打开网页。这个装配就意味着再次打开 modeler 时，会把 vue 文件放进 DWF 环境中编译，同时也修改了 config.js 的内容。在刚打开的网页中找到"功能模型"，在 PC 端的"设备管理"中建立一个开发演示的分组，然后在分组中创建菜单名为"入门插件"，单击入门插件的"编辑"按钮，选择动作为 implement，实现方式是"插件调用"，可以看见有 commonOpr(入门插件)、appOpr 这两个插件。选择 commonOpr(入门插件)并单击"确认"按钮，如图 29-7 所示。进入 App 页面，打开"开发演示"菜单可以看见"入门插件"，其中的内容显示为 hello world!!!，如图 29-8 所示。

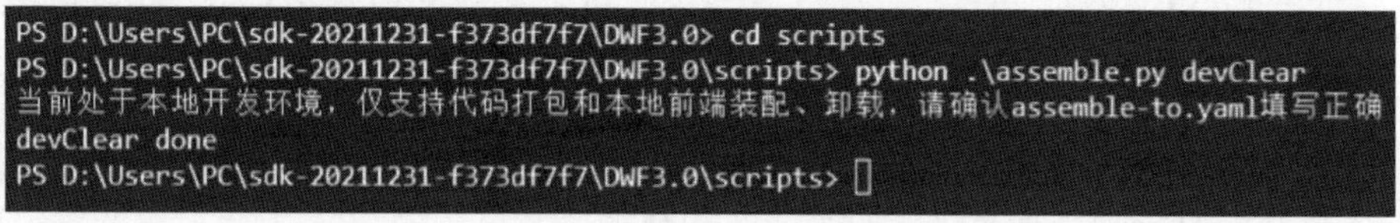

图 29-6　清空插件的命令

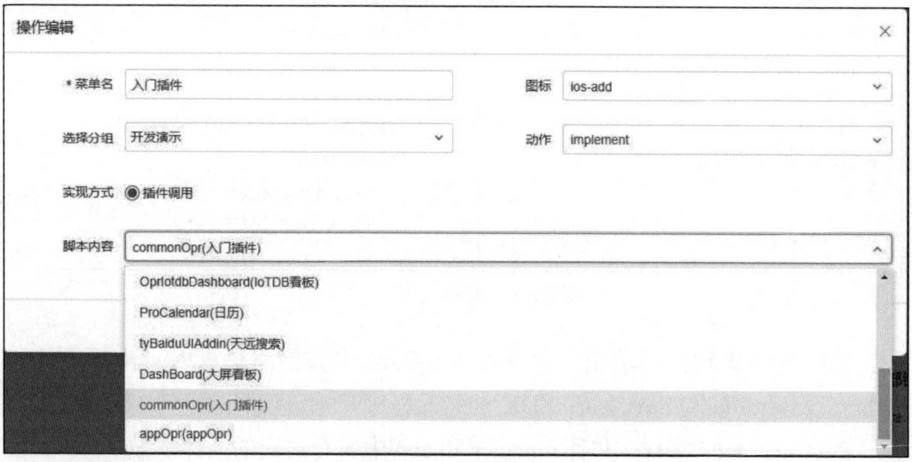

图 29-7　调用插件

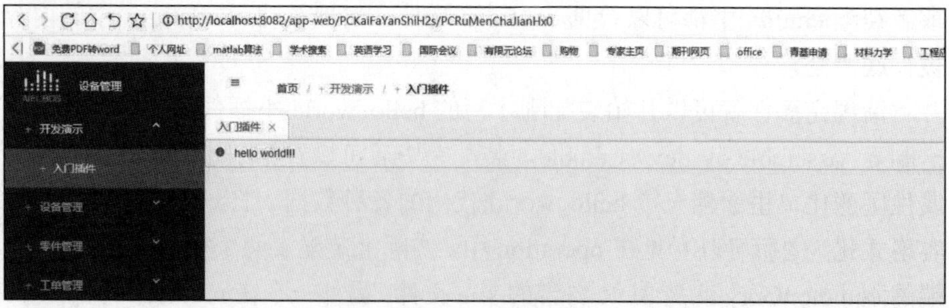

图 29-8　显示插件内容

29.3 表单的操作插件

完成菜单的操作插件后，可以继续做一个表单的操作插件，让 hello world 插件具备弹框功能。将图 29-9 中 template 的内容置为空，然后添加 onHandle 方法。这个方法类似于表单中的按钮单击事件，单击之后，该方法会回调，回调之后声明一个 hello world!。在路径 dwf-part-all\part01\part-web\common\operations 下新建一个文件，名为 buttonOpr.vue，将表中左边的内容复制过去并且格式化，在路径 dwf-part-all\part01\part-web\common\public\assemble-to.yaml 下把表中右边的内容复制过去并且格式化，在终端运行中的路径\scripts 下输入 python.\assemble.py dev Assemble，就可以将表单操作插件的命令装配好。

`<template>`
　　`<div> </div>`
`</template>`
`<script>`
`export default {`
　`name: "buttonOpr",`
　`methods: {`
　　`async onHandle(params) {`
　　　`alert("hello world!");`
　　`}`
　`}`
`}`
`</script>`
`<style>`
`</style>`
	`config:`
	　`ignore:`
	　`info:`
	　　`part-web:`
	　　　`name: common`
	　　　`cname: common`
	　　　`forms:`
	　　　`operations:`
	　　　　`commonOpr.vue:`
	　　　　　`name: commonOpr`
	　　　　　`cname: "入门插件"`
	　　　　`buttonOpr.vue:`
	　　　　　`name: buttonOpr`
	　　　　　`cname: "进阶插件"`
	　　`dependencies: {}`

图 29-9 表单的操作插件

装配完表单操作插件的命令后，打开前端调试进程中生成的 DWF 环境网页。在"功能模型"中找到"设备管理"，创建一个表单名为"按钮操作"，并将其绑定到"开发演示"分组中。单击按钮操作右端的表单跳转进入表单定制页面，从控件区拖曳一个按钮到画布区中。单击这个按钮并且打开右端属性区的"单击事件"，填写显示名为"操作插件"，选择动作为 implement，实现方式为"插件调用"。在脚本内容中找到 buttonOpr(进阶插件)，这个插件就是刚才在 VS.Code 中生成的新插件，选择之后单击"确定"按钮并退出。进入设备管理网页，打开"开发演示"中的"按钮操作"，可以看见网页上有个名称为"操作插件"的按钮。单击这个按钮，网页上就显示 hello world!字样，如图 29-10 所示。

图 29-10　插件调用并显示功能

29.4　扩展后端的 RESTful API

在 SDK 展开的同时默认自带了图 29-11 中所示的程序，一个用于返回当前登录用户的名字，另一个用于返回带 Entity 的结果。打开路径 dwf-part-all\part01\part-svc\common\src\main\java\edu\thss\platform\controller，可以看见有个名为 HelloWorldCommonController.java 的文件。图 29-11 中的 EnvironmentBuilder environment Builder 是 DWF 内置的用于提供上下文信息的一个类，后面的 helloWorldCommon Service、helloWorldCommonEntity 说明了如何调用信息以返回结果。中间有个 helloworld，会返回"This is Part01 Common HelloWorldCommonService."字样的信息。打开 6060 端口的 RESTful API 找

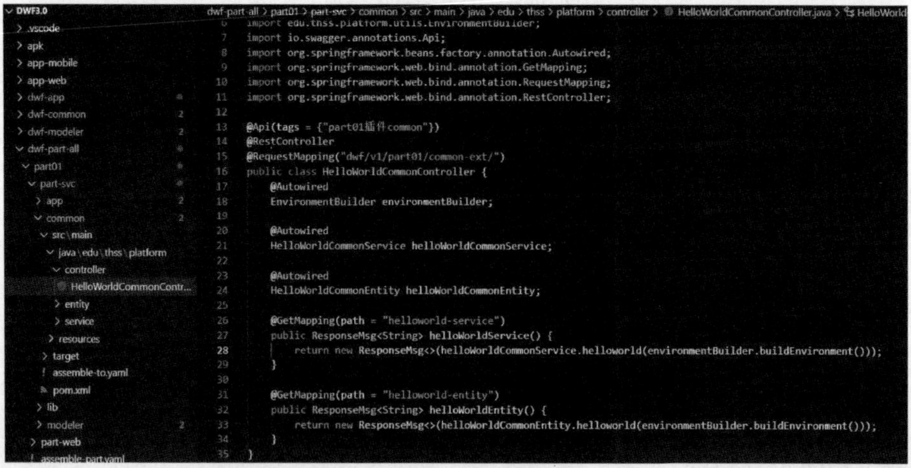

图 29-11　后端插件信息

到 part01 插件 common，可以看见有两个 hello world 内容，一个是 entity，另一个是 service。单击 service 进行测试。直接单击 Execute，可以看见如图 29-12 所示的信息，显示数据是"Hello, admin! This is Part01 Common HelloWorldCommonService."。单击 entity 进行测试。直接单击 Execute，显示数据是"Hello, admin! This is Part01 App HelloWorld CommonEntity."。

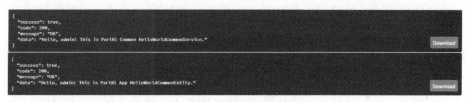

图 29-12　RESTful API 测试

前端调试是直接利用浏览器的检查功能，调出调试器即可。浏览器中直接按 F12 键就可以直接利用浏览器的调试能力，可以查询 Sources 并设置断点。可以用 console 打开日志，查看代码中有哪些地方可以设置断点。也可以添加 debugger，断开进行分步调试。

后端调试如果启动成功，可以直接在 VS.Code 中设置断点，用户可以自己尝试。在 RESTful API 中调试，在 service 中调试设置断点，然后在 RESTful API 中单击 Execute，就可以看见加载的符号，同时 VS.Code 中设置断点的地方会有标注，如图 29-13 所示。

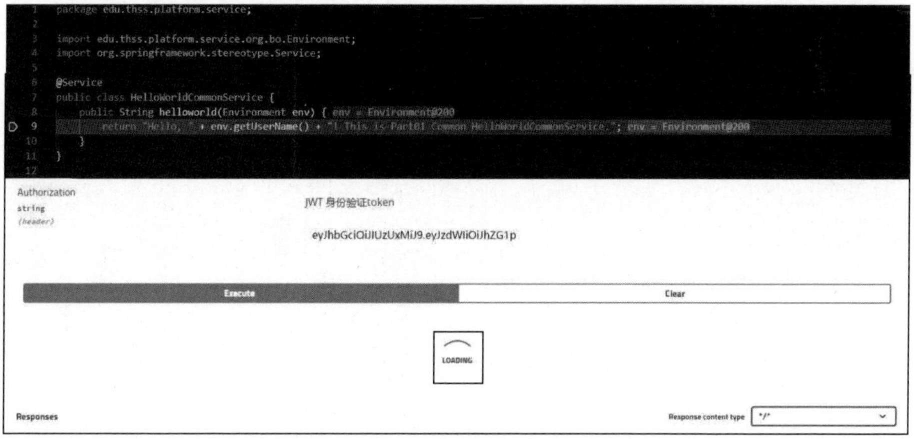

图 29-13　后端调试程序

调试程序有时会出现乱码，这是由于我们使用的 Windows 系统采用的是 GBK 编码，调试程序时要求将 VS.Code 终端字符集和 Java 启动参数都改为 UTF-8 格式。

29.5 小结

本章主要介绍了插件的结构，包括 part-web/part-svc/part-model，其中的文件包括 app、operation、forms、public。此外，还有插件的装配文件 assemble-to.yaml，这个装配文件也比较简单，就是把 vue 文件中的源代码写到对应的地方。本章用案例说明了如何清理插件(devClear)、装配插件(devAssemble)和打包文件(generate)，编写了简单的操作插件，包括前端菜单、表单按钮及后端服务；简单介绍了如何添加依赖包，在前端直接编写 dependency，装配时会自动合并到 package.json 中，在后端编写 pom.xml，装配时 Maven 会自动合并；还简单演示了后端的调试方法。

第 30 章 扩展 DWF 后端服务

前面讲解了插件的组织结构、代码的装配过程，通过构建一个 hello world!!!小插件，针对前端的菜单、表单和后端的 RESTful API 分别进行了案例讲解。本章主要从后端服务开始讲解后端插件的结构，开发后端的 RESTful API 所用到的基本标签，这部分内容属于 Spring Boot 的基础知识。然后介绍 DWF 提供的 Service 组件以及如何引用外部依赖的 JAR 包。

30.1 后端插件的装配结构

后端插件的装配结构和 DWF 后端核心代码之间的装配关系主要体现在 part-svc 文件的 3 个子文件夹中。以 part01 的插件为例，第一个是 dwf-part-all\part01\part-svc\app，包含了所有用于扩展应用服务的代码，对应在核心代码中表示 dwf-app 工程。第二个是 dwf-part-all\part01\part-svc\modeler，包含了用于扩展模型服务的代码，对应调试启动 dwf-modeler 工程。第三个是 dwf-part-all\ part01\ part-svc\common，两边都需要包含后端服务代码，无论启动 dwf-app 或者 dwf-modeler 都会包含其中的业务逻辑。对程序员来说，写代码之前要规划好将什么内容放入 app 端口、将什么内容放入 modeler 端口、什么内容两端都要放。

在插件 part-svc 的 3 个子文件夹 app、modeler、common 中，插件代码内部的标准组织方式分别是 controller、service、entity 三部分内容。其中 controller 用于存放 Spring Boot 中的 controller 代码文件，主要是标注对外发布的 RESTful API。Service 是用于存放后端数据访问和业务逻辑的代码文件。entity 则表示普通的中间层或者 RESTful API 需要发布的实体类代码对应的文件。

图 30-1 展示的是 controller 的一个程序，其中@Api(tags = {"part01 插件"}) 表示服务在 Swagger 界面的中文描述，意思就是这个插件是名字为 part01 的插件；@RestController 表示当前的 HelloWorldCommonController 需要发布为 Restful API 服务；@RequestMapping("dwf/v1/part01/common-ext/")表示访问这

个服务 URL 的相对路径为 dwf/v1/part01/common-ext/，前端通过 POST 请求，这个路径就可以用这种方法来确定；@GetMapping(path = "helloworld-service") 中的 helloWorld Service() 是一种 Java 类方法，返回值是 ResponseMsg <String>，会把返回的对象序列化成一个 JSON 对象；@GetMapping 对应 HTTP 的 GET 方法，在收到前端浏览器发来的 Get 请求时被激活。

```
package edu.thss.platform.controller;
……
@Api(tags = {"part01 插件"})
@RestController
@RequestMapping("dwf/v1/part01/common-ext/")
public class HelloWorldCommonController {
    @GetMapping(path = "helloworld-service")
    public ResponseMsg<String> helloWorldService() {
        return new ResponseMsg<>("Hello World！");
    }
}
```

图 30-1　Controller 后端标注的典型写法

30.2　后端访问数据库

本节第二部分介绍过后端脚本可以访问数据库，本节主要讲解后端插件访问数据库的知识。后端插件访问数据库有 3 种方式。第一种方式是代码装配上去以后可以直接调用 DWF 内置的 OMF(对象管理框架)函数，如实体类、管理类对象数据可以批量创建、单独创建。第二种方式是使用 DWF 内置的 Hibernate EntityManager 直接访问数据库，可以直接编写原生 SQL 查询数据库，也可以用 EntityManager 对象的控制方法，在 DWF 中模型一侧的数据库都是用 Entity 来实现的。第三种方式是直接使用 JDBC 或其他方式自行创建连接并维护连接池，这种情况一般是针对外部链接。

30.2.1　DWF 内置 Service 服务

图 30-2 展示了 DWF 内置的 Service 服务。controller 中的代码通过 @Autowired 标签定义变量，注入变量类型为 ObjectAccessService，就可以直接调用 getByCondition 以返回指定条件下的对象数组。name 是作为一个参数去传递的，希望返回的数组是 List of Map。得到这个数组后，用 ResponseMsg 进行包装返回，SpringBoot 框架会将其自动翻译为 DWF 标准的 RESTful API 返回结果，从而实现对实体类对象的查询。依照同样的方式可以完成增删改查等操作。

```
import edu.thss.platform.service.omf.ObjectAccessService;
@Autowired
ObjectAccessService objectAccessService;
@GetMapping(path = "getEntityObjects")
public ResponseMsg<?> listAllClasses(@RequestParam String name){
    List<Map<String, Object>> objs = objectAccessService. getBy Condition(name, "");
    return new ResponseMsg<>(objs);
}
```

图 30-2　调用 DWF 内置 Service 服务

在路径 dwf-part-all\part01\part-svc\common\src\main\java\edu\thss\platform\controller 下新建一个名字为 ObjectAccessControler.java 的文件，然后输入图 30-3 中的内容。图中内容输入后，启动后端 6060 端口的 dwf-app 工程对应的 Swagger 接口列表，找到 part01 插件，打开这个插件并单击"Try it out"。在 name 框中输入 Asset 并且单击 Execute，在 Response body 中就可以看见查询出来的搅拌车信息了(见图 30-4)。这就是直接调用 DWF 中 Service 的方法。

```
package edu.thss.platform.controller;
……
import io.swagger.annotations.Api;
@Api(tags = {"part01 插件"})
@RestController
@RequestMapping("dwf/v1/part01/common-ext/")
public class ObjectAccessControler {
    @Autowired
    ObjectAccessService oas;
    @GetMapping(path = "entityObjects")
    public ResponseMsg<?> getEntitieObjects(@RequestParam String name){
        List<Map<String, Object>> objs = oas.getByCondition (name, "");
        return new ResponseMsg<>(objs);
    }
}
```

图 30-3　利用对象访问服务查询实体类对象

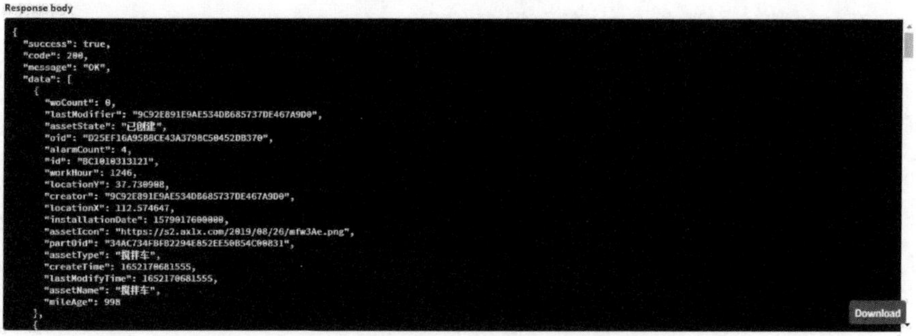

图 30-4　后端查询设备实体类信息

30.2.2 直接访问数据库

图 30-5 中的脚本使用 EntityManager 访问数据库。这种方法是直接通过在 hello world 插件中执行 createNativeQuery 方法来返回特定用户的数量。SQL 查询语句中 DWF 的所有表都加前缀，目的是防止和不同数据库的关键字重合。plt_org_user 中 plt_就是前缀，org_是域名。域名是创建实体类的时候使用的，允许用户修改域名，user 是实体类的英文名。上述前缀、域名、英文名拼接起来就是表格。关联类是"plt_cus_r_关联类名字"，中间的 r 是表面关联类的意思。

```
package edu.thss.platform.service;
……
@Service
public class UserAccessService {
    @Autowired
    EntityManager em;
    public Integer getUserCount() {
        Query q = em.createNativeQuery("select count(*) from plt_org _user");
        List<Object> result = q.getResultList();
        return result.size();
    }
}
```

图 30-5　注入 EntityManageer 访问数据库

如果打开 pgAdmin 输入密码进入数据库管理界面，在路径 PostgreSQL 10\dataway\Schemas\public\Tables 下打开文件，可以看见一系列 plt_cus_...字样的表格。用户可以打开 plt_cus_asset，这个表格内容就是我们创建的实体类设备。打开它可以看见设备的各种属性信息，用户可以查看每个属性的列名，列名的英文名和中文名与 DWF 都是相对应的。单击"查看数据"，在路径 View/Edit/Data/All Row 下打开列名可以看见设备的详细信息。如果用户了解 SQL 语句，就能在数据库中查询很多信息。

打开路径 dwf-part-all\part01\part-svc\common\src\main\java\edu\thss\platform\Service 下的文件夹，新建一个文件并更改名字为 UserAccess Service.java。输入图 30-5 中的脚本并在 controller 文件夹中修改 ObjectAccessControler.java 文件的信息，修改之后重新运行 6060 端口的后端程序。打开 6060 端口对应的 RESTful API 中的 part01 插件，单击第二个文件 getUserCount，单击 Execute 并查看结果，得到如图 30-6 所示的查询内容。本次查询的结果是 data 为 1。

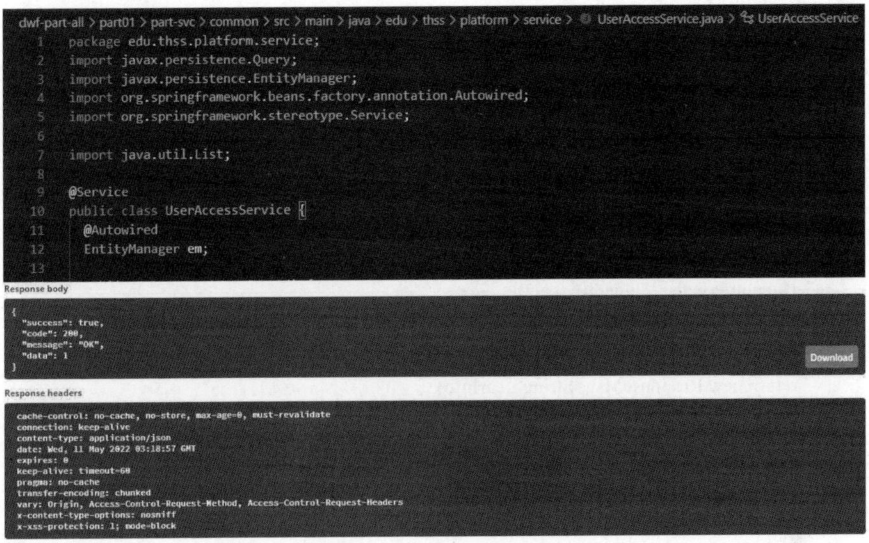

图 30-6　后端查询实体类

30.2.3　引用外部依赖包

前面讲解过如何利用百度 AI 识别车型，本节还是引用百度 AI 来识别车型。在 VS.Code 中的路径 dwf-part-all\part01\part-svc\common\pom.xml 下加上依赖包，引入百度的 Java-SDK。这里需要注意，调试和生产服务器本身需要联网，对涉密行业需要把装配好的结果同时交付。

将图 30-7 中的内容复制到 pom.xml 文件中，就是调用 4.12.0 版本的百度 AI，修改完成之后更新 Java 配置。在 service 文件夹中新建一个名为 carIdentifyService.java 的文件，并且将图 30-8 中的内容复制到该文件中，将 @Service 打上标签然后返回取值，即 return res.toString(2)。图 30-9 中 APP_ID、API_KEY、SECRET_KEY 的值可以从百度 AI 中获取，用户可以参考前面章节的内容去获取这些数值然后填充进去。在 controller 文件夹中新建一个名为 carIdentifyController.java 的文件，将表格中的内容复制到该文件中。

```
<!--plugin start-->
<dependency>
    <groupId>com.baidu.aip</groupId>
    <artifactId>java-sdk</artifactId>
    <version>4.12.0</version>
</dependency>
<!--plugin end-->
```

图 30-7　修改 pom.xml 文件以增加依赖

```
package edu.thss.platform.controller;
……
import edu.thss.platform.service.carIdentifyService;
@Api(tags = {"人工智能服务"})
@RestController
@RequestMapping("dwf/v1/part01/identify-car/")
public class carIdentifyController {
  @Autowired
  carIdentifyService identifyCarService;
  @GetMapping(path = "indentify-car")
  public ResponseMsg<String> identifyCar() {
     String carInfo = carIdentifyService.identifyCar();
      return new ResponseMsg<String>(carInfo);
  }
}
```

图 30-8　在 service 中添加车型识别代码

```
package edu.thss.platform.service;
……
@Service
public class carIdentifyService {
    private static final String APP_ID = "26038369";
    private static final String API_KEY = "****";
    private static final String SECRET_KEY = "****";
    public static String identifyCar() {
       AipImageClassify client = new AipImageClassify (APP_ID, API_KEY, SECRET_KEY);
       HashMap < String,String > options = new HashMap < String,String > ();
       options.put("top_num", "3");
       options.put("baike_num", "5");
       String image = "D:\\2022.jpg";
       JSONObject res = client.carDetect(image, options);
       return res.toString(2);
    }
}
```

图 30-9　在 controller 中添加车型识别代码

运行后端 6060 端口并打开 RESTful API，找到人工智能服务的条目，单击 Execute 可看见结果。将待识别的图片(假设是一张 GT-R 照片)放在本地电脑的 D:\\2022.jpg 中去识别，识别出来的是日产 GT-R，指的是日产汽车生产的高性能高可靠性的大马力跑车，如图 30-10 所示。

这里主要借助百度 AI 的案例来讲解引用外部依赖，一旦引用了外部依赖，就可以在后端脚本中调用这些扩展包。DWF 鼓励用户编译 SDK 并在线修改相应的内容。

图 30-10　外部依赖包识别结果

在 part-svc 中有个 lib 包，用户可以把自行研发的 jar 包放入这个文件夹。调用 mvn-install.sh 脚本然后在本地安装，这样不用网络就可以把 lib 包安装在本地 Maven 仓库中，然后在 pom.xml 文件中引用它。

30.3　小结

本章主要介绍了后端扩展的能力。首先讲解了后端插件，每个装配结构在 part-svc 的文件夹下有 app、modeler、common 三个子文件夹，这三个子文件夹下都有 controller、service、entity 三个文件夹。开发 RESTful API 有一些基本的标签，在 controller 中注意有@Api、@RestController、@Request Mapping、@GetMapping 等标签。service 中@Service、@Autowired 是属于 controller 和 service 共用的标签，如发布成为 service 就写上@Service 标签，引用 service 的文件就写上@Autowired。此外介绍了 DWF 自身有很多 service 组件，用户可以直接利用它提供的功能。对引用外部依赖的 jar 包也进行了详细介绍，通过修改 pom 文件来引用百度 AI 的功能，引用外部文件后就可以在后端脚本中调用这些外部文件。

第 31 章 操作插件入门

前面介绍了 DWF 的代码装配基本原理以及扩展自定义的 RESTful API 服务，本章主要介绍 DWF 中的表单控制自定义弹框。DWF 前端的进阶扩展均以插件方式实现，DWF 建模工具(modeler-web)会识别这些插件的接口，并在应用前端(app-web)调用。在阅读本章之前，要求读者对 Vue 开发方法已有初步了解。

31.1 表单控件简介

把 DWF 中自制的表单控件放到控件区中一般有两种方法。一种方法是 DWF 提供一种超级控件，也就是表单中有 HTML 控件，可以在控件中写 Vue 程序，也可以直接写 HTML 代码。这种方法需要考虑把数据带进去，通过调用 DWF 背后的 RESTful API 实现，把数据写入 DWF 数据库中，这样可以把已经实现的定制化功能打包到一个模型包中，整体迁移比较容易。另外一种方法是直接做一个表单控件，这样控件就会默认在表单设计工具的控件区中，无须导入模型包来实现扩展。

图 31-1 中的脚本首先在原来 hello world!!!插件的基础上引入 dwf_ctx，dwf_ctx 这个变量封装了脚本能够包含的函数，是插件代码中对 DWF 调用的总入口。前面在 iView 控件库中为 Alert 标签增加了一个 icon，icon 提供了一个 success，然后显示了一个 userName，这个用户名在 data 中返回，这是经典的 Vue 采用的数据绑定方法。在使用 Vue 组件的生命周期方法 created 时，要先把当前登录的用户名用反引号的语法写入 hello world!!!中，然后替换变量 userName。以上就是改进版的 hello world!!!插件的用法，后面只是增加了一点样式，如 margin-left、margin-top。

将图 31-1 所示的内容复制到路径 dwf-part-all\part01\part-web\common\operations 下的 commonOpr.vue 文件中，替换原来的文件，然后输入 python assemble.pydevAssemble 进行代码装配。出现网址链接后单击 APP 端口的网

页，在开发环境中打开入门插件可以看见如图 31-2 所示的字符，这里的 hello admin!!!插件已将 DWF 本身的上下文信息带入。

```
<template>
  <div>
      <Alert show-icon>hello world!!!</Alert>
   <Alert type="success" show-icon>{{ userName }} </Alert>
  </div>
……
   created() {
     let ctx = this.dwf_ctx; // 插件代码里对 DWF 调用的总入口
     this.userName = `hello ${ctx.user.userName}!!!`;
   },
};
</script>
<style>
.ivu-alert {
   margin-left: 10px;
   margin-top: 10px;
}
</style>
```

图 31-1　表单控件示意

图 31-2　将上下文信息带入插件

31.2　在前端访问 DWF 中的数据

31.2.1　查询 DWF 的 RESTful API

回顾一下前端访问数据的方法，上一节初步介绍了 this.dwf_ctx 的用法，接下来可以使用 dwf_ctx 调用 RESTful API 中的访问数据。在 dwf_ctx 中有

dwf_axios 变量，通过这个变量不用设置 token 或者认证就可以直接调用 DWF 后端 RESTful API。使用 dwf_axios 的好处是，程序可以随着服务器位置的变化而变化。

如图 31-3 所示，以/omf/entities/WorkOrder/objects 为例，query 希望基于要求完成的时间去进行排序。这个调用使用 post，然后 res 返回查询值。console.log 用于打印这个返回值，用户可以根据自己的需要进行查询调用。

```
...
    let queryConditon = {
      condition: "order by obj.woDeadline",
    };
    this.dwf_ctx.dwf_axios
    .post("/omf/entities/WorkOrder/objects", queryConditon)
     .then((res) => {
         console.log(res);
         if (res.data.success) {
            let resArr = res.data.data;
...
         }
     });
```

图 31-3　访问 DWF 数据

DWF 提供的 RESTful API 接口包括基本的数据查询接口。如果查询的是实体，那么/omf/entities/Asset/objects 表示要查询的实体类的对象。查询的参数包括 condition、startIndex、pageSize，表示希望查询出来的对象从哪里开始，这里的 condition 和脚本的 condition 是一致的。如果要带外键引用查询(见图 31-4)，就在 parameter 中增加 ref，其中有 sourceAttr、targetAttr、targetClass，指的是设备的 Oid 是一个外键类，这个设备 Oid 指向的 Oid 是什么设备，目标类就是什么设备。如果是通过逗号来分割这几个设备，采用的就是 sourceAttrSplit，用于按照用户的要求进行查询。

```
{
    "refs": [
        {
            "sourceAttr": "assetOid",
            "targetAttr": "oid",
            "targetClass": "Asset",
            "sourceAttrSplit": ","
        }
    ]
}
```

图 31-4　外键引用查询

分析出来的结构格式是 queryResult 列出来一个 JSON 数组，如查询出来的 WorkOrder 的数组对象。接下来的 refResult 是根据 WorkOrder 的外键引用查询出来的所有 Asset 对象数据。refResult 的组织方式是根据每个外键的引用，外键的类以一个数组的方式作为 value，然后形成一个 result。

31.2.2 快速查询的语法

快速查询的语法是以 and 开头的若干逻辑表达式，其中 obj 表示查询后得到的目标类对象。例如，希望查询设备类(Asset)的状态属性(assetState)中取值为异常的设备对象，语法就是 and obj.assetState = '异常'。

利用 this.dwf_ctx 可以获取一系列上下文的保留字。

- this.dwf_ctx.obj：是当前表单中正在被操作的对象。例如，在浏览设备(Asset)的表单中查询当前设备处于已完工状态的工单(WorkOrder)对象清单，语法写为'and obj.work OrderState = '已完工' and obj.assetOid = '${this.dwf_ctx.obj.oid}"。

- this.dwf_ctx.user：指的是当前登录用户的信息。例如，希望在单击操作显示工单时，过滤得到分配给用户的工单，就可以写为'and obj.workOrderState = '已分配' and obj.assetOid = '${this.dwf_ctx.obj.oid}' and obj.responsiblePersonOid = '${this.user.oid}"。

- this.dwf_ctx.env：表示当前登录系统的上下文，其中 serverIp 表示当前浏览器地址栏中输入的 IP 地址。关联类对象和实体类对象有点区别，主要在于前面增加了一个前缀 left_、right_ 或 relation_obj.left_[属性名]、obj.right_[属性名]、obj.relation_[属性名]分别代表左类、右类和关联类的属性。例如，读者可以查询搅拌车装配数量为 2 的所有总成件，写为 and obj.left_name = '搅拌车' and obj.relation_number=2。嵌套子查询指的是弹框中已被选中的零部件，用于查询当前有维修工单的所有设备,语法为 and obj.oid in (select plt_assetoid from plt_cus_workorder)。

单个类增删改数据的语法为：/omf/entities/{className}/objects-create、/omf/entities/ {className}/objects-delete、/omf/entities/{className}/objects-update。打开端口为 9090 的 RESTful API，找到实体对象，可以看见批量新增实体类、批量删除实体类、批量更新实体类等操作。这些操作可以帮助用户一次性创建、删除、更新很多实体类。

获得实体类的某个对象可写为/objects/{oid}，获得实体类的所有对象的个数可写为/objects/count 等，用户可以自己了解实体类具有的各种功能。图 31-5 中还有批量实体类的创建、删除、更新操作，对应的语法分别是/omf/multi-entities/

objects-create、/omf/multi-entities/objects-delete、/omf/multi-entities/objects-update。如果希望在更新一批设备的同时更新一批订单，可以利用这些接口完成目标，其中对应着实体类的类名、对象，这些是前端比较重要的接口。

图 31-5　RESTful API 的查询数据接口

带条件批量删除其实就是级联删除，在删除设备的同时级联删除工单，语句为/omf/entities/{className}/objects-delete-by-condition。

/omf/cud-batch 用于实现多类多对象混合增删改的功能，相当于一次性提交了一个需要批量完成的任务，在通用接口 omf common controller 中有这个功能。/cud-batch 查询的形式是 action、className、objs，其中 action 用于创建、修改、删除等操作，也可以创建和修改操作同时进行。同时进行意指 DWF 会对给定的 Oid 进行检查，如果有这个设备就更新，如果没有就创建。className 指的是修改实体类的类型。objs 是一个数组，表示要新增的实体类的具体信息。通过前端获得的用户信息可以直接给 Oid，Oid 在后面的数组中还会用到，这个新建的类以及后面的修改、删除操作都使用这个 Oid。duplicateValueCheck 用来查重，前端可能会用到查重，输入的属性在数据库中有无重复通常会用到这个功能。

31.3　打开 DWF 的表单

在打开表单时，不会仅仅只是展示界面，更重要的是和上下文交换数据。在 DWF 中，对数据的操作可以总结为两个典型场景，即"一进一出"和"一上一下"两种类型的操作。所谓"一进一出",进是单击菜单进入页面中,出指的是菜单留下的链接、按钮,或者其他操作被触发后,可以利用 DWF 已定制好的表单来展示数据。所谓"一上一下",指的是可以返回数据库的各种数据,"一上"指的是通过 RESTful API 调用返回数据,"一下"指的是将前端的数据保存到数据库中。

"一进一出"在插件代码层面的实现方式是经典的 Vue 的用法,约定了几个会传给页面的属性 itemValue、root、store、Message。其中:itemValue 表示表单模型对应的原始 JSON 格式,读者可以通过 debugger 打开查看,如表单开发时会带着很多有用的信息,如表单,目标类等。root 表示整个应用的外壳,如设备管理的网页界面就是一个 root,在网页的调试工具中可以用 console.log 打印 table 页签。如表中函数 openWorkOrder,就是用 DWF 表单引擎打开选中的工单对象,给定的数组中有希望打开的目标类和希望打开表单的英文名。如果要带一个默认的查询条件也可以写出来,图 31-6 中所示的查询条件是'and obj.oid = '${wo.oid}'',就是刚被传入的 WorkOrder 的 Oid。后面弹出页签标题,用于显示工单类中表单的英文名并打开页签对应的动作。

```
export default {
    name: "workOrderListOpr",
    props: ["itemValue", "root", "store", "Message"],
    data() {
        return {
            worklist: [],
            userlist: [], //新增了用户列表备用
            assetlist: [], //新增了设备列表备用
        };
    },
    created() {
    },
    methods: {
        openWorkOrder(wo) {
            // 打开工单对象
            let opr = {
                targetClass: "WorkOrder", // 设定目标类的名字
                ……
conditionExpre: `and obj.oid = '${wo.oid}'`,
                ……
            };
            // 打开工单对象
            this.root.openTab(opr);
        },
    },
};
```

图 31-6　打开 DWF 表单

31.4 工单时间线列表

在图 31-7 中，Timeline 是 iView 控件库的一个经典控件，标签 TimelineItem 的颜色指定为绿色，v-for 是 Vue 的用法。worklist 后面的变量指的是工单，把工单的 t 设定为 t.oid。标签 p 用于处理 getdate，getdate 指的是返回的时间戳，把长整型的数变为可阅读为年月日的时间表。这里显示了 woDeadline，如果时间的取值为空就显示为未知。第二个 p 标签用于显示设备代号、工单标题、责任工程师。最后的 click 标签用于写入详情，详情一旦被单击，这里的 click 事件也与表单的事件一样，会调用 openWorkOrder 函数。

```
<template>
   <Timeline>
    <TimelineItem color="green" v-for="t in worklist" :key="t.oid">
         <p>{{ `${getdate(t.woDeadline || "未知")}` }}</p>
         <p>
            {{
`设备代号为 ${t.assetId} 的 ${t.woTitle} 工作由 ${t.engineerName} 负责完成`
            }}
            <a @click="openWorkOrder(t)">详情</a>
         </p>
      </TimelineItem>
   </Timeline>
</template>
```

图 31-7 设置标签和数据绑定

在图 31-8 中，脚本变量 data 返回的原始工单是没有带入数据的工单，利用主外键引用查找出 userlist、assetlist。created 部分用于加载数据，把调用了 dwf_ctx 的数据加载进去。后面的 openWorkOrder 用于打开详情。

```
<script>
export default {
   name: "workOrderListOpr",
   data() {
      return {
         worklist: [], //原始工单列表
         userlist: [], //新增用户列表备用
         assetlist: [], //新增设备列表备用
      };
```

图 31-8 定义内部变量

```
    },
    created() {
        console.log(this.dwf_ctx);
    },
    methods: {
        openWorkOrder(wo) {
        },
    },
};
</script>
```

图 31-8　定义内部变量(续)

图 31-9 中代码的第一步是 condition，是按要求完成的时间进行排序。查询时用到了 ref 的标签，它查询工单上的 assetOid，并根据 assetOid 取值查询设备对象的 Oid。责任工程师 engineerOid 要查询的是 User 实体类。因为这个查询条件是异步调用，所以要先保存 created 中的 this，然后随便改个名字。之后调用 dwf_ctx.dwf_axios 及 DWF 的 RESTful API，如果 res.data.success 有返回值，就可以根据 refResult.assetOid 将其赋值到 assetlist 中，将 engineerOid 对应的数值赋值到 userlist 中。Worklist 是把 queryResult 进行一个 map，在前端把可显示的属性都查出来，如 map 中的 workOrder 就是查询 assetlist 有无 a.oid === wo.assetOid，以便把对应工单的设备查出来，同时把用户也查出来。如果查询完之后 asset.id 不为空，就赋值给 wo.assetId；如果查询为空，就返回"未知"字样。查询工程师也是一样的道理，如果查询出来不为空就赋值给 wo.engineerName，如果为空就显示"未知"字样。这样查询出来的三部分内容 assetlist、userlist、worklist 就会被赋值到表中 data 对应的数组中。

```
created() {
    let queryConditon = {
        condition: "order by obj.woDeadline",
        refs: [
  {sourceAttr: "assetOid", targetAttr: "oid",  targetClass: "Asset", sourceAttrSplit: ",",},
   {sourceAttr: "engineerOid", targetAttr: "oid", targetClass: "User", sourceAttrSplit: ",",},
        ],
    };
    let that = this; // 临时保存上下文以便异步调用
    this.dwf_ctx.dwf_axios
    .post("/omf/entities/WorkOrder/objects", queryConditon)
        .then((res) => {
            console.log(res);
            if (res.data.success) {
```

图 31-9　内容调用

```
                let resArr = res.data.data;
                that.assetlist = resArr.refResult.assetOid;
                that.userlist = resArr.refResult.engineerOid;
                // 重新归置工单信息补充新的属性
                that.worklist = resArr.queryResult.map((wo) => {
                    let asset = that.assetlist.find((a) => {
                        return a.oid === wo.assetOid;          });
                    let engineer = that.userlist.find((u) => {
                        return u.oid === wo.engineerOid;});
                    wo.assetId = typeof asset !== "undefined" ? asset.id : "未知";
                    wo.engineerName = typeof engineer !== "undefined" ? engineer.displayName : "未知";
                    return wo;
                });
            }
        });
    },
```

图 31-9　内容调用(续)

图 31-10 展示了如何打开 DWF 的表单，该图引用了外部参数后，可以使用 this.root.openTab 打开这个表单。

```
export default {
    name: "workOrderListOpr",
    props: ["itemValue", "root", "store", "Message"],
    data() {
        return {
            worklist: [],
            userlist: [], //新增了用户列表备用
            assetlist: [], //新增了设备列表备用
        };
    },
    created() {

    },
    methods: {
        openWorkOrder(wo) {
            // 打开工单对象
            let opr = {
                ……
            };
            // 打开工单对象
            this.root.openTab(opr);
        },
    },
};
```

图 31-10　打开工单对象

完成上述开发功能后，回到插件的 VS.Code 开发环境，在路径 dwf-part-all\part01\part-web\common\operations 下新建一个名为 worklistOpr.vue 的文件，然后将上述 4 个表格的内容复制进去。在装配指示文件 assemble-to.yaml 中添加工单列表的代码。

在 VS.Code 中进行代码装配，打开 DWF 的 modeler 建模工具。找到"功能模型"的"设备管理应用"，在"开发演示"分组中找到"进阶演示"。单击"进阶演示"的"编辑"按钮弹出"操作编辑"的弹框，修改动作为 implement，在脚本内容中选择"worklistOpr(工单列表页面)"，单击"确认"按钮并退出弹框，这样就可以在 app-web 中调用插件了。

打开 PC 端页面 app-web，在"开发演示"中单击"进阶演示"，出现如图 31-11 所示的时间列表，列表内容跟工单列表中的内容是一一对应的。这里有两个工单显示的是"李四、王五负责完成"，有一个显示的是"未知负责完成"，表明这个工单没有定义工程师。单击"详情"按钮，可以看见相应工单的详情弹框。

图 31-11　打开表单效果展示

31.5　小结

本章主要介绍了开发前端页面的技巧，总结起来，在页面中的主要操作是"一进一出"和"一上一下"。所谓"一进一出"是指如何通过配置打开已经开发好的 Vue 页面并且在页面中复用已经配置好的表单，而"一上一下"

是指如何调用 DWF 自带的 RESTful API，其中的要领是掌握 this.dwf_ctx 的用法，例如，利用 this.dwf_ctx.dwf_axios 访问数据库。本章进一步详述了 RESTful API 的一些高级用法，包括批量增删改单个类型的对象、跨类型对象的批量增删改以及级联的增删改。还介绍了多种查询数据的方法，包括快速查询、特定实体类的对象查询、主外键的查询。

第 32 章 表单操作高级扩展

前面章节介绍了自定义页面的开发方法，这种扩展方法主要用于对高度独立的页面进行开发，实际上可以在表单里面的特定环节去扩展功能。利用 DWF 自带的表单定制工具进行表单按钮操作的开发，如果初级定制无法满足用户需求，就开发代码来控制这个表单的控件。

32.1 表单操作的原理

"把复杂的子表单嵌入总表单"这个表单操作在 DWF 和控件之间存在内在的逻辑。例如，读者拖动一个控件进入画布区，那么 DWF 就认为这个控件是制作网页页面的元素，会告诉表单这个传进来的 args 的具体内容以及原先在表单设计工具里面对这个控件进行的设置。这种在控件基础上继续开发的成本比单独开发一个新的控件要节约很多，因为一个新的控件的开发要考虑的因素比较多，要控制样式、宽窄、颜色等。这种继续开发表单的方式还可以最大限度复用表单的能力，可以在复用表单的基础上实现特殊的功能，表单控件操作如图 32-1 所示。

```
<script>
export default {
    name: "buttonOpr",
    methods: {
        // 通知 DWF 表单引擎接管绘制过程
        canShow() {
            return true;
        },
        // 一旦接管，DWF 表单引擎传入当前表单的上下文
        setArgs(args) {
            return this;
        },
    },
};
</script>
```

图 32-1 表单控件操作

32.2 编码控制按钮操作

图 32-2 所示的脚本中第一步使用了 Button 这个标签，类型是 text。如果单击之后就调用 openDialog 方法，显示的名字就是"编码工具"。第二步是预置了即将被弹出的模态框，用 assetType 作为 title。后面的@on-ok 调用 ok 的方法，@on-cancel 调用 cancel 的方法。input 弹框会引入一个 asset.id。

```
<template>
    <div>
        <Button type="text" @click="openDialog">编码工具</Button>
            <Modal    v-model="showDlg"    :title="`${asset.assetType}`"    @on-ok="ok" @on-cancel="cancel">
                <Input v-model="asset.id" :placeholder="asset.id" />
            </Modal>
    </div>
</template>
```

图 32-2 编码控件按钮标签

DWF 的总入口是 dwf_ctx，是针对接受过脚本开发培训的程序员编辑的。它在菜单单击打开的页面中具有以下功能。

- dwf_ctx.user：当前登录用户。
- dwf_ctx.env：环境的上下文。
- dwf_ctx.dwf_axios：用于调用 App 端 RESTful API。
- dwf_ctx.dwf_modeler_axios：用于调用 modeler 端 RESTful API。

在表单单击打开的页面中增加以下功能。

- dwf_ctx.obj()
- dwf_ctx.handleQueryData()
- dwf_ctx.openTab()、dwf_ctx.openDialog()

图 32-3 所示的脚本实现中，showDlg 是针对前面表格的标签设置的，意思是如果为 true 弹框就显示，接下来 asset 的 id 就显示为标题。canShow 返回值为真，表示提示 DWF 不必进行绘制由控件自身负责的显示。标签中的@click 事件绑定 openDialog 是打开对话框用于执行函数，其首先获取 this.dwf_ctx.obj 的内容，如果有值就赋给前面显示的 asset.id，在对话框中如果单击"确定"按钮就会获取控件并且赋值为 asset. id。

```
export default {
    name: "buttonOpr",
    data() {
        return {
            showDlg: false,
            asset: { id: "unknown" },
            };
        },
    methods: {
        canShow() {
            return true;
        },
        setArgs(args) {
            return this;
        },
        openDialog() {
            var a = this.dwf_ctx.obj();
            if (typeof a !== "undefined") {
                this.asset = a;
            }
            this.showDlg = true;
        },
        ok() {
            var addin = this.dwf_ctx.getAddinById("TextInput1");
            addin.setValue(this.asset.id);
            },
        cancel() {},
    },
};
```

图 32-3　脚本的实现

完成脚本内容后在装配文件中添加上相应操作的中英文名字，中文名字需要带双引号。在 VS.Code 中的路径 dwf-part-all\part01\part-web\common\operations 下找到一个名为 buttonOpr.vue 的文件，里面有个简单的按钮操作的代码，将表内容复制过去。在 VS.Code 的终端运行中进行代码装配，装配完表单操作插件的命令后，打开前端调试进程中生成的 DWF 环境网页，进入设备管理网页。打开"开发演示"中的按钮操作，可以看见网页上有个名称为"编码工具"的按钮(见图 32-4 中的编码工具功能示意)。单击这个按钮就弹出一个对话框，用户可以在弹出的框中输入自己想要输入的内容，输入完成后单击"确定"按钮，就可以看见文本框，表明有用户在弹出的框中输入了内容。这种在表单基础上进行开发操作的难度比直接编码写控件的难度要降低很多，通过扩展操作可以实现对表单的局部性增强。

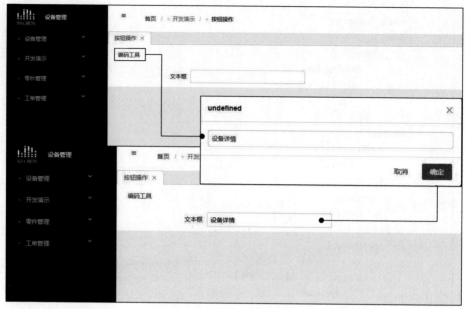

图 32-4 编码工具功能示意

32.3 小结

本章介绍了介于自己开发单独的控件和完全自己控制的表单页面之间的形态，也就是用户可以在已有的表单基础上增加自己想要的功能。操作在表单中可以改变自身的样式和行为，DWF 表单引擎控制绘制逻辑的方式就是 canShow，表单引擎给出表单的配置参数是 setArgs。对表单的入口处理和脚本的用法是一样的，利用 this.dwf_ctx 完成"进出"和"上下"的调用。

第 33 章 表单控件开发入门

表单控件的开发分为入门、进阶和高级三部分内容。本章讲解入门部分，开发一个简单的表单，只显示 hello world。这里主要介绍表单控件和表单引擎之间的数据调用，以及必须要实现的函数，包括：表单控件的装配、文件的写法、名称、图标和相应的函数。此外，还了解了控件在画布标签的布局、控件与画布的函数交换、控件的参数存储。建模端完成之后，需要将配置好的模型在 App 端(应用前端)进行约定的函数调用从而实现实际的控件行为。因此相对于建模端而言，App 端就是把画布区绘制的选项调用，并按照 Vue 文件数据驱动的方式，把控件希望显示的样子显示出来，包括控件装配文件的写法、控件和表单引擎交互的参数。

33.1 表单引擎的基本原理

首先，简单解释一下表单引擎的基本原理。在前面的介绍中，读者已经了解到，DWF 的表单是通过表单建模工具实现编辑的。在表单建模工具的背后有一个 JSON 格式的文件，例如，在表单里面拖曳了一个控件，生成一个表格控件，其配置选项对应在 JSON 之中会产生相应的属性值。如图 33-1 所示在表单建模工具的工具栏内单击 JSON 按钮，那么表单就会转换成对应的 JSON 格式。

图 33-2 展示了一个表单的 JSON 格式，其中首先有一个 data 属性，里面有 elements 数组，每个元素就是一个放入表单中的控件。如果是容器控件的话，还包含子控件，每个控件中都有 elementType。这个元素类型中有 self 的对象，就是基本属性，里面的 properties 是自己定义的，主要是中英文名字、路径、图标等。后面的 uuid 是内部 ID，id 是外部 ID。dropTarget 是表单引擎补充的内容。targetClass 的内容表明其是否是关联类的表单以及基础的配置，比如设置了默认的字体大小是 14 号，但是希望修改为 32 号。deviceType 是

说这个表单是针对 PC 端还是移动端开发的。开发控件需要设置样式,用于帮助在控件区绘制参数。建模工具把数据存储之后会存在数据库中,用户在单击菜单或者按钮时,这个 JSON 文件就会被调用,放入 App 端的表单引擎中,并且按要求进行绘制,绘制的结果就是表单显示的结果。

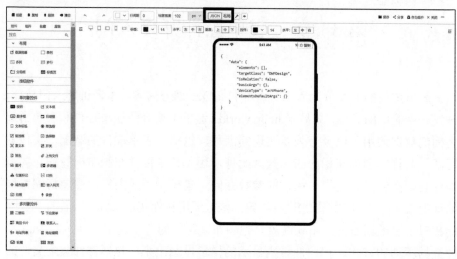

图 33-1　查看表单的 JSON 格式

```
{
    "data": {
        "elements": [        {
    "self": {        "elementType": "addin_AssembleAddin",
                "properties": {
                    "_ASSEMBLECONFIG": {
                        "name": "HelloControl",
                        "note": "入门控件",
                        ……                },
        "uuid": "C3B0737CD87C4EDDBD101CB148761DD0",
            "id": "HelloControl1"              },
                "dropTarget": 0,
            "uuid": "C3B0737CD87C4EDDBD101CB148761DD0",
                "DWFADDINARGSVERSION": 1          },
                "elements": []        }        ],
        "targetClass": "DWFDesign",
        ……
    }
}
```

图 33-2　表单描述文件 JSON

33.2 入门表单控件

了解了原理之后，接下来开发一个入门表单控件，即建立一个最简单的 hello world 表单控件，让用户可以拖进画布区并且进行设置。本节内容以 part01 为例，介绍如何开发对应的插件的控件。

33.2.1 表单插件的文件组成

表单控件的源文件位于 forms 文件夹，文件夹 dwf-part-all\part01\part-web\modeler\forms 中存放的是 Vue 文件，主要用于在建模工具中展示表单绘制工具。dwf-part-all\part01\part-web\app\forms 是 Vue 文件，用于在 PC 端表单引擎渲染代码。dwf-part-all\part01\part-web\mobile\forms 是 Vue 文件，用于在移动端表单引擎渲染代码。一般不建议把文件放在 common 文件中，因为代码会在 PC 端和 APP 端都复制一份，虽然这种方法也是可行的，但是为避免出错还是推荐将其分开存放。

表单控件的 3 个源文件对应着 3 个装配指示文件。文件 dwf-part-all\part01\part-web\modeler\assemble-to.yaml 表示它是需要装配到 modeler-web 下面的文件夹的文件，会默认复制到文件 modeler-web\src\assemble_components\ form\part01 中。文件 dwf-part-all\part01\part-web\app\assemble-to.yaml 表示它是需要装配到 app-web 下面的文件夹的文件，会默认复制到文件 app-web\src\assemble_components\form\part01 中。文件 dwf-part-all\part01\part-web\mobile\ assemble-to.yaml 表示它是需要装配到 app-mobile 中的文件，会默认复制到文件 app-mobile\src\assemble_components\form\part01 中。

33.2.2 控件表单画布编写

首先创建 hello world 的装配指示文件。图 33-3 展示了 modeler 端表单插件的装配指示文件。其中 icon 表示图标的名称，cname 表示在表单建模工具的控件区中的中文名称，而 type 表示这个新的表单控件属于哪个分组。其中，type 的取值有以下几种。

- 布局：form/layout
- 单对象控件：form/single
- 多对象控件：form/multi
- 时间序列：form/timeseries
- 模型点选控件：form/model

- 可视化控件：form/visual。

```
config:
  ignore:
  info:
    part-web:
      name: modeler
      cname: 建模端
      forms:
        HelloControl.vue:
          icon: "md-rose"
          cname: 入门控件
          type: form/single
      operations:
      mobileForms:
      mobileOperations:
      dependencies:
        vue-calendar-component: ^2.8.2
```

图 33-3　表单控件的 modeler 端装配指示文件

画布区的内容需要用户编码去绘制，图 33-4 的脚本中包含三部分。第一部分是控件区的控件设置，第二部分是控件拖曳到画布区的设置，第三部分是控件在选项区的设置。对应在表格中就是 section，如果 section v-if="t_preview"说明控件已经被拖曳到画布区了。针对 hello world 插件，将其放在 span 中，并设置 style。如果是 span v-show="t_edit"就说明在画布区中的入门控件处于编辑状态，此刻选项区的内容就显示出来了。如果不知道控件在哪里，也不知道控件是否被编辑，代码就写为 "\<div\>未知的状态\</div\>"。

```
<template>
    <section v-if="t_preview" :addinName="name" ref="main">
        <span style="font-size: 50px; display: flex; justify-content: center; align-items: center;">Hello World!</span>
        <span v-show="t_edit" ref="edit">
        </span>
    </section>
    <section v-else :addinName="name">
        <div>未知的状态</div>
    </section>
</template>
```

图 33-4　前端标签布局

图 33-5 展示了表单插件的内容，data 数据中包含插件的名字，表明其是否在控件区、是否进入画布区等。args 中给出了 title，这个标题就是控件的名

字,把控件拖曳到画布区会显示这个名字,后续要添加方便用户使用的选项。method 是必须实现的函数,如 getEditBox、setArgs、getArgs、getFormName 等,其中 setArgs、getArgs 说明了建模工具里面用户如何配置及配置的选项等。getForm Name 指的是目标绑定属性,如果没有绑定属性就返回一个 undefined 或者 null。

```
<script>
export default {
    data() {
        return {
            name: "helloControl",
            t_preview: true,
            t_edit: false,
            args: { title: "入门控件" },        };    },
        methods: {
            getEditBox() {
                this.t_edit = true;
                return this.$refs.edit;        },
                setArgs(args) {
                for (var i in args) { this.args[i] = args[i];    }
                return this;        },
                getArgs() { return this.args; },
            getFormName() {
                return this.args.name;
            },
        },
    },
};
</script>
```

图 33-5　表单插件脚本

在路径 dwf-part-all\part01\part-web\modeler\forms 下的文件中新建一个文件,名字为 HelloControl。将表格内容复制到文件中,并在装配指示文件中添加相应的入门控件,图标选为 logo-codepen,名称为"入门控件",类型是"布局",就是放在"布局"分组的控件区里面。在 VS.Code 中进行代码装配,然后打开 DWF 界面。在"功能模型"的"设备管理"中,找到"开发演示",其中有个按钮操作,打开表单跳转进去就能看见控件区的"布局"分组中有一个"入门控件",将这个"入门控件"拖曳到画布区就如图 33-6 所示。打开最上面的 JSON,可以看见入门控件的 elements,其中有这个入门控件的中英文名称、图标、类型等信息。

完成 modeler 端后,要开始开发 APP 端的代码。流程与 modeler 端一样,也需要装配文件、布局表单标签,对应脚本函数 data 中的 title 也与 modeler

一样。methods 中与 modeler 端的区别在于增加了一个 setDisplayType 函数，这个函数表明了正在打开的表单以无数据的形式或者有数据的编辑或者浏览形式打开。

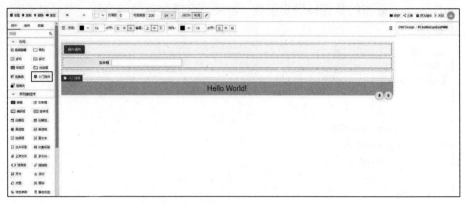

图 33-6　表单定制页面的入门控件

具体操作是，在路径 dwf-part-all\part01\part-web\app\forms 下的文件中新建一个文件，名字为 HelloControl.vue。将 APP 端的标签及脚本内容复制到文件中，在装配指示文件中添加相应的控件，类型是"布局"。在 VS.Code 中进行代码装配，然后打开 DWF 界面。在"设备管理"的 APP 端页面中，找到"开发演示"里面的按钮操作，单击就出现了如图 33-7 所示的页面，在其中可以看出页面上显示了 Hello World！字样。

图 33-7　入门控件 APP 端的显示

33.3　小结

本章介绍了表单及表单控件的入门知识，表单控件分为两部分内容。第一部分内容是表单建模工具，位于文件 dwf-part-all\part01\part-web\ modeler\forms 中。为了让文件能够装配进去，需要编写一个名为 assemble-to.yaml 的装配指示文件，这个文件控制了 DWF 的控件源文件、图标、名字、类别等。这个文件在设置完成后会被复制到 assemble_components\控件名称对应的子目录中并且修改 config.js 文件。控件有两种形态和约定的函数。第一种形态用 name、t_preview、t_edit、args 这几个变量来表示，t_preview 表示刚拖到画布区还没单击的形态，t_edit 表示拖进去已经单击了并且需显示要编辑的选项。args 要把 title 写上，里面的 name 是为了生成 ID。第二种形态是 getEditBox、setArgs、getArgs、getFormName，这 4 个函数是表单建模工具对控件的要求。第二部分内容是表单引擎渲染，引擎要求把绘制的代码放到位置 dwf-part-all\part01\part-web\app\forms 中，装配指示文件 assemble-to.yaml 就是一个文件名及布局，会将 Vue 文件复制到 assemble_components\文件中，并且修改 config.js 文件。控件对应的渲染函数有两个。第一个是 t_preview，对应的属性是 args；第二个是 setDisplayType，表示这个控件是用编辑、创建还是浏览的方式打开。setArgs、getArgs 用于传递参数，getFormName 表示控件绑定的目标属性名。

第 34 章 表单控件开发进阶

前面介绍了操作插件、DWF 后端查询、批量增删改等内容，并在表单中列举了时间线的控件，在此基础上开发了简单的 Hello World 表单控件。控件分为建模端控件和 APP 端控件，通过在表单定制页面定制完成后在 APP 端显示出来。本章主要介绍进阶部分的相关内容，利用 DWF 提供的 EditBox 组件实现控件的标准化配置选项，重点介绍 EditBox 标签的写法。

34.1 开发控件的建模端

在 DWF 中，控件的选项如果都需要重新开发，不仅会增加程序员的负担，还会导致用户体验不一致。例如，选择类、属性，不同程序员的设置会有区别，导致用户体验感觉很差。

EditBox 可以自动识别控件参数在 args 里的变量并且用 DWF 标准 UI 在选项区中显示，如选择类、属性、设置样式以及设置事件。采用 EditBox，开发者可以自己开发属性，不用写繁琐的代码去实现。本节我们将生成一个进阶控件，主要显示控件的绑定选项，还可以设置选项的内容并添加样式设置，同时给控件添加一个事件。

引入 EditBox 过程如下：①在 template 标签中添加 EditBox 标签，②在 <script> 标签中导入 _EditBox.vue 组件，引入标准 props 属性，③在 data 中添加 EditBox 需要的属性，在 data.args 中添加标准参数。

34.1.1 引入 EditBox 标签

如图 34-1 所示是一个引入 EditBox 标签的例子。<span v-show="t_edit" ref="edit">是在 t_preview 的 section 中添加的，第一个 v-if 指的是当用户单击控件时开始准备编辑，名字是 data 中带的名字。filter_attributes 是指设定目标对象时控件支持的类型，用于过滤目标属性。itemValue 是整个表单的 JSON 对象。

query_oprs 用于将来在事件中增加新的事件。dataTypes 是指在目标属性中允许设置的属性。targetclass 是指表单的目标类。上述这些变量的设置，需要在 <script>脚本部分对应 props，后面将进行解释。EditBox 中包含 3 个标签，分别是 attribute 对应选项、layout 对应样式、operation 对应事件。

```
<span v-show="t_edit" ref="edit">
  <EditBox
    v-if="actEdit"
    :addinName="name"
    :widgetAnnotation="widgetAnnotation"
    :editExtendInfo="editExtendInfo"
    ref="editbox"
    v-model="args"
    :attributes="filter_attributes"
    :router="router"
    :route="route"
    :root="root"
    :itemValue="itemValue"
    :query_oprs="query_oprs"
    :dataTypes="dataTypes"
    :targetclass="itemValue.data.targetClass"
  >
    <div slot="attribute"></div>
    <div slot="layout"></div>
    <div slot="operation"></div>
  </EditBox>
</span>
```

图 34-1　引入 EditBox 标签

34.1.2　引入 EditBox 组件

为了能让上面所列的标签生效，需要引入 modeler 端的 EditBox 组件。在 modeler 端有个/ext_components/form/_EditBox.vue 文件，其中 import 这个组件后面的属性就是控件的属性，并且在 props 里面引入从顶层页面传递进来的参数，如图 34-2 所示。

```
<script>
import EditBox from "@/ext_components/form/_EditBox.vue";

const name = "BlankControl";

export default {
  name: name,

  props: [
    "addin",
    "basicArgs",
    "argsProps",
    "activeUUID",
    "store",
    "itemValue",
    "attributes",
    "relation",
    "editExtendInfo",
    "widgetAnnotation",
    "checkResult",
    "query_oprs",
    "route",
    "router",
    "root",
    "Message",
    "echarts",
  ],

  components: {
    EditBox,
  },
…
</script>
```

图 34-2　引入 _EditBox.vue 组件和 prop 参数以设置参数和事件

34.1.3　定义控件配置变量

图 34-3 展示了 args 的写法。args 中的 title 用于在控件树中显示控件名称，后面的 height 是高度，heightType 是高度类型，width 表示宽度，widthType 表示宽度类型，label 是在控件中的默认标签，eventRange 是指控件中支持什么样的事件(包括单击和双击事件)，events 是指添加事件的配置。上述这些 args 的选项均可被 EditBox 识别并自动添加对应的选项区控件。

```
data() {
    return {
        name: name,
        ……
        dataTypes: [],
        args: {
            title: "进阶控件",
            height: 300,
            heightType: "px",
            width: 100,
            widthType: "%",
            label: "Empty!",
            eventRange: ["单击", "双击"],
            events: [],
        },
    };
```

图 34-3　设置 args 控件的标准参数以便 EditBox 识别

34.1.4　实现回调函数

图 34-4 展示了对应的方法，methods 是控件必须要实现的方法。对新开发的控件来说，需要设置高度、宽度，getDataType(args)用于把支持的数据类型都返回给控件。在装配指示文件中添加相应的图标为 ios-apps-outline，名称为"进阶控件"，控件类型为 form/layout。

```
computed: {
    filter_attributes() {
        return [];
    },
},
methods: {
    getEditBox() {
        this.t_edit = true;
        return this.$refs.edit;
    },
    setHeight() {
        if (!this.$refs.main) return;
    },
    setArgs(args) {
        for (var i in args) {
            this.args[i] = args[i];
        }
        return this;
```

图 34-4　实现表单控件的回调方法

```
        },
        getArgs() {
            return this.args;
        },
        getFormName() {
            return this.name;
        },
        getDataType(args) {
            return this.dataTypes;
        },
    },
```

图 34-4　实现表单控件的回调方法(续)

34.1.5　装配指示文件

接下来，在路径 dwf-part-all\part01\part-web\modeler\forms 下的文件中新建一个文件，名字为 BlankControl.vue。将表格内容复制到文件中，在装配指示文件中添加相应的入门控件，设置图标为 ios-apps-outline，名称为"进阶控件"，类型为"布局"。编写 assemble-to.yaml 文件，如图 34-5 所示。

```
config:
  ignore:
  info:
    part-web:
      name: modeler
      cname: 建模端
      forms: # 表单控件
        BlankControl.vue:
          icon: "ios-apps-outline"
          cname: 进阶控件
          type: form/layout
      operations: # 操作插件
      mobileForms: # mobile 表单控件
      mobileOperations: # mobile 操作插件
      dependencies: # 外部依赖
```

图 34-5　BlankControl 的建模端装配指示文件

在 VS.Code 中进行代码装配，然后打开 DWF 界面。在"功能模型"的"设备管理"中，找到"开发演示"，其中有个按钮操作。打开表单跳转进去就能看见控件区的布局分组中有一个进阶控件，将这个进阶控件拖曳到画布区，如图 34-6 所示。打开最上面的 JSON，可以看见进阶控件的 elements，其中包含这个进阶控件的中英文名称、图标、类型等信息。

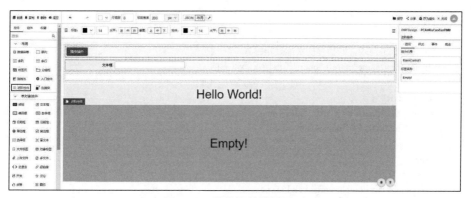

图 34-6　进阶控件效果展示

在数组 args 中添加 name，选项区中就增加了目标属性选项。添加完成之后，在 VS.Code 中进行代码装配，然后打开 DWF 界面。在"功能模型"的"设备管理"中，找到开发演示，进入操作按钮的表单定制页面。将这个进阶控件拖曳到画布区，用户在单击"进阶控件"时，右端选项区就会出现目标属性的选项。

在进阶控件的右端选项区找到"事件"，单击"单击事件"，出现"操作配置"弹框。填写显示名为"单击"，动作为 implement，在脚本内容中填写代码 this.msgbox.info("提示信息");，这样单击这个控件就会显示"提示信息"字样。对应的单击事件的配置记录在表单中。

34.2　开发在 App 端的控件展示

开发完控件的建模端程序后，依照同样的操作，在路径 dwf-part-all\part01\part-web\app\forms 下需要实现 App 端对控件的绘制以及根据选项进行解释的逻辑。只不过相对建模端而言，控件在 App 端的实现不用那么复杂，只需要将实现的回调函数中得到的参数和前端显示的界面对应上即可。

34.2.1　App 端的标签部分

App 端标签部分的实现只需要将 args 中的 width、widthType、height、heightType、label 与 Vue 标签中的属性进行对应即可。如图 34-7 所示，注意在最后的<span>标签中我们添加了@click 和@dbclick 两个事件，对应调用 onClick 和 onDoubleClick 两个函数。下面的内容中会介绍如何用标准方法触发 DWF 的事件。

```
<template>
  <!--
    建模时的预览前端，即插件的实际显示样式
    :addinName="name"和 ref="main"一般情况不可去除
  -->
  <section :style="{
        width: args.width + args.widthType,
        }" :addinName="name" ref="main">
    <!-- 在画布区的显示内容 -->
    <span
      :style="{
        height: args.height+ args.heightType,
        width: args.width + args.widthType,
        }"
      style="
        font-size: 50px;
        display: flex;
        justify-content: center;
        align-items: center;"
      @click="onClick"
      @dblclick="onDoubleClick"
    >{{args.label}}</span>
  </section>
</template>
```

图 34-7　App 端标签部分的实现

34.2.2　App 端的脚本

如图 34-8 所示，脚本部分除了入门控件提到的 setDisplayType、setArgs、getArgs，应用端代码还实现了用于和表单引擎交互的一些其他函数。

- validate：当涉及数据时表单引擎会调用这个函数，要求控件对自身的数据进行校验。
- setError：当脚本在整个表单范围内发现错误时会调用 setError 请求控件显示错误信息，一般是将控件的外延设置为红色并给出提示。
- setValue、getValue：表单引擎会将存储在数据库中的值通过这两个函数送给控件，由控件将取值显示出来或者读出控件正在绑定的取值。
- getFormName：当控件绑定属性时，表单引擎会询问控件需要使用哪个属性的取值。收到这个值以后，表单引擎会调用 setValue 写入数值。

此外，通过 props 引入的变量至少包含 itemValue 和 store。

```html
<script>
export default {
  props: ["itemValue", "store"],
  // Vue 数据绑定的时候要求返回的结果
  data() {
    return {
      //插件的名字
      name: "BlankControl",
      // 属性配置项，按需设置
      args: {
        // 用于提示用户名称
        title: "进阶控件",
        height: 300,
        heightType: "px",
        width: 100,
        widthType: "%",
        label: "Empty!",
        // 给出控件可以支持的事件类型
        eventRange: ["单击", "双击"],
        events: [],
      },
    };
  },
  methods: {
    /*
    type 取值范围为 create, visit, edit
    需要根据三个状态修改具体前端和逻辑
    一般情况下:
      create 创建态: 无数据，可编辑
      visit 浏览态: 有数据，不可编辑
      edit 编辑态: 有数据，可编辑
    */
    setDisplayType(type) {
      return this;
    },
    // 设置异常状态显示
    setError(error) {
      return this;
    },
    // 设置校验逻辑，返回 true/false
    validate() {
      return true;
    },
    // 返回对应的目标属性名称，引擎在渲染的时候将根据其返回值提取属性的取值并调用 setValue()
    getFormName() {
      return this.name;
```

图 34-8　App 端的脚本实现

```
        },
        // 获取插件对应的值，一般为this.value, 特殊情况下需要进行格式转换，如日期字符串
        getValue() {
            return null;
        },
        /*
            设置插件对应的值，如果目标属性为空，则传入的items为空，主要是针对多对象加载控件
时使用
            items 目前为对应值，items 将变为目标对象列表
            特殊情况下需要进行格式转化再赋值
        */
        setValue(items) {
            return this;
        },
        // 将现有表单加载在画布区用于加载控件的时候，会将之前的配置传入
        setArgs(args) {
            for (var i in args) {
                this.args[i] = args[i];
            }
            return this;
        },
        // 表单保存的时候将控件的设置合并到表单自身的JSON中
        getArgs() {
            return this.args;
        },
        // 区域被单击以后的响应
        onClick() {
            this.triggerEvent("单击");
        },
        // 区域被双击以后的响应
        onDoubleClick() {
            this.triggerEvent("双击");
        },
        // 根据名字触发表单事件上配置的操作
        triggerEvent(eventName) {
            let eventConfig = null;
            // 提取事件对应的操作参数
            if (this.args.events && this.args.events.length > 0) {
                eventConfig = this.args.events.find((val) => {
                    return val.name === eventName;
                });
            }
            // 触发实际操作
            if (eventConfig) {
                this.invokeOperation(
                    eventConfig.opr_type,
```

图 34-8　App 端的脚本实现(续)

```
            eventConfig.opr_path,
            this.itemValue,
            this.store
          );
        }
      },
    },
  };
</script>
```

图 34-8　App 端的脚本实现(续)

34.2.3　关于控件事件触发操作

最后重点介绍 DWF 通过控件进行事件触发操作的方法。细心的读者也许看到，在最后实现了一种函数名为 triggerEvent 的方法。该方法判断如果有调用操作的配置，则会通过 this.invokeOperation 实现对 DWF 操作的触发。其传入的参数包含 4 个，分别是操作的类型、操作的路径、表单 JSON 和缓存的 store 对象。其中，前两个参数在 args.events 中可以直接得到，后两个参数则通过 props 引入进来即可，如图 34-9 所示。

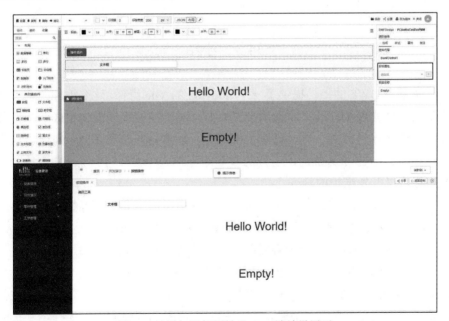

图 34-9　添加目标属性及 App 端效果展示

34.2.4 装配指示文件

同样，在路径 dwf-part-all\part01\part-web\app\forms 下增加 BlankControl.vue，并在装配指示文件 assemble-to.yaml 中写入如下内容，用于提示对应控件具有解释功能，如图 34-10 所示。

```
config:
 ignore:
 info:
  part-web:
   name: app
   cname: 应用端
   forms: # 表单控件
    ...
    BlankControl.vue: form/layout
    ...
   operations: # 操作插件
    ...
   dependencies: {}
```

图 34-10　BlankControl 的装配指示文件

34.3　小结

本章为 DWF 的控件提供了一个 EditBox 的 Vue 组件，这个组件的意义在于帮助控件实现了标准化的选项设置界面。对于控件来说需要完成选项设置任务，如设置目标类、目标属性、事件等，不需要在选项区自行实现，只需要在控件的 args 中添加对应名称的参数即可。这样既有利于统一交互体验，又可以降低开发维护的难度。

具体操作上，首先需要在 template 标签中添加 EditBox 标签，然后导入 _EditBox.vue 组件，引入标准 props 属性，并在 component 中加上 box 文件，最后在 data 中添加 EditBox 需要用到的属性及在 data.args 中添加标准参数。在表单引擎中使用 EditBox 的配置选项，如果没有配置选项则必须包含函数 getFormName、setDisplayType、setArgs、getArgs，此外还要用到单对象控件约定的需要实现的函数 getValue、setValue、setError、validate。还介绍了事件的概念，就是在表单控件中需要实现的事件，用 traggerEvent() 来表示。这种方法需要调用操作来实现，即 invokeOperation()。

第 35 章　表单控件高级开发

前面介绍了表单控件的进阶开发，用 BlankControl 开发了一个控件，并在选项区进行了单击事件的设置。本章在 EditBox 可以识别的属性基础上进行扩展介绍，实现一个列表控件，用于绑定特定实体类的数据。

35.1　列表控件的功能

如图 35-1 所示，设备列表的控件制作完成后，拖入画布区可以设置目标类、标签名称、标题属性、详情属性、图表属性。完成之后就可以看见设备的详细清单。

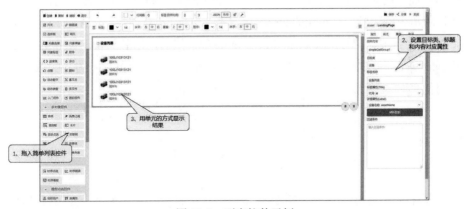

图 35-1　列表控件示例

上述控件基于 iView 组件库中的 Cell 组件实现，其基础用法示例如图 35-2 所示。该示例首先使用了 Card 标签，然后使用了 CellGroup 标签，其中每个列表的标签都是 Cell，在 Cell 中可以添加 Badge，也可以添加开关。

```
<template>
    <div style="padding: 10px;background: #f8f8f9">
        <Card title="Options" icon="ios-options" :padding="0" shadow style="width: 300px;">
            <CellGroup>
                <Cell title="Only show titles" />
                <Cell title="Display label content" label="label content" />
                ……
                <Cell title="With Badge" to="/view-ui-plus/ component/ navigation/badge">
                    <Badge :count="10" />
                </Cell>
                <Cell title="With Switch">
                    <Switch v-model="switchValue" />
                    ……
```

图 35-2　Cell 控件的用法示例

35.2　准备基础代码文件

参照前面两章的介绍，在 part-web/modeler/forms 和 part-web/app/forms 文件夹中分别新建一个名为 SimpleCellGroup.vue 的文件。part-web/modeler/forms/ 中的实现将被表单建模工具用来调用控件区、画布区预览以及选项设置区对应的界面，同时利用 EditBox 引用，实现 DWF 内置属性的自动识别。此外，还要使用与表单建模工具对应的数据交换函数，包括 props 引用、getArgs、setArgs、setDisplayType、getEditBox、getFormName 等。然后，分别在 part-web/modeler 和 part-web/app 文件夹对应的 assemble-to.yaml 文件中增加对应的装配选项，并将简单列表放入多对象控件分组 form/multi 中。

35.3　建模端实现

基于上述目标，首先，需要准备基础代码框架。要在控件区、画布区预览，同时在选项设置区对应的界面中最大限度地利用 EditBox，进而实现 DWF 内置属性的自动识别。还要用到与表单建模工具对应的数据交换函数，包括 props 引用、getArgs、setArgs、setDisplayType、getEditBox、getFormName 等，它们都按照 EditBox 的标准方法来编写。默认添加这部分代码后，再添加一些样式文件，用于编写装配指示文件 assemble-to.yaml，然后将 simpleCellGroup.vue 放入 modeler 文件夹中。

其次是设计控件的选项，即 args。一部分直接复用，一部分另外扩展，另外扩展的那部分需要用户去"开发"对应的下拉菜单点选，例如，标准的点选框对应的 select。然后就是增加交互事件，这里面需要增加"单击事件"。最后将查找出来的数据设计成一个数组放入 cellData 中，之后与前端的标签进行绑定。

35.3.1 设计控件的选项

如图 35-3 所示的脚本中，直接可以复用的标签包括名称、目标类、整体标题、高度和类型等。其中，名称(title)是返回控件的名字，用于显示；目标类(bindTargetClass)用于设置需要显示的类，这个属性的设置可以直接利用 DWF 提供的保留字实现，因此不必额外考虑编码；整体标题(label)用于设置列表项外框的整体标题，这个属性页可以直接利用 DWF 提供的保留字实现，不必额外考虑外观的编码；高度和类型(height、heightType)用于设置控件的整体高度和样式单位；宽度和类型(width、widthType)用于设置控件的整体宽度和宽度单位；背景色(back_color)用于设置控件的背景色；文字色(txt_fontcolor)用于设置控件中文字的颜色。

```
args: {
            title: "简单列表",
            bindTargetClass: "",
            label: "",
            filterQuery: "",
            height: "",
            heightType: "px",
            width: "",
            widthType: "px",
            back_color: "",
            txt_fontColor: "",
            attributeForTitle: "",
            attributeForLabel: "",
            attributeForIcon: "",
            eventRange: ["单击"],
            events: [],
       },
```

图 35-3 SimpleCellGroup 控件的 args 列表

超出 EditBox 可识别范围的选项有三个，分别如下。
- 项目标题(attributeForTitle)，用于设置列表项的标题，设置后每个对象的指定属性会对接到列表项标题上。在 DWF 提供的保留字中没有此保留字，因此需要新增一个选项。

- 项目内容(attributeForLabel)，用于设置列表项的内容，设置后每个对象的指定属性会对接到列表项内容上。同样在 DWF 提供的保留字中没有可以复用的保留字，因此需要新增一个选项。
- 项目图标(attributeForIcon)，用于设置列表项的图表，设置后每个对象前面可以出现一个图标。针对"事件"，增加"单击事件"即可。

图 35-4 所示的脚本中，attributeForTitle、attributeForLabel、attributeForIcon 是超出 EditBox 识别能力范围之外的选项，其中对这三个选项列举了简单的实现。以标题属性为例，AttributeSelector 的源代码已经放置进去，后面会提供一种标准的实现方式。target-class 标签的作用效果是在用户单击选择实体类或关联类后，将被选择的实体类的名称回填到属性面板界面对应选项的下拉框中，后面的详情标签和图表标签的作用效果与此相同。最后的 Button 是新增的一个刷新数据按钮，单击这个按钮，会调用 freshData 函数。

```
<div slot="attribute">
    <p>标题属性(Title)</p>
    <AttributeSelector
        :target-class="args.bindTargetClass"
        v-model="args.attributeForTitle"
    ></AttributeSelector>
    <p>详情属性(Label)</p>
    <AttributeSelector
        :target-class="args.bindTargetClass"
        v-model="args.attributeForLabel"
    ></AttributeSelector>
    <p>图标属性(Icon)</p>
    <AttributeSelector
        :target-class="args.bindTargetClass"
        v-model="args.attributeForIcon"
    ></AttributeSelector>
    <Button type="primary" long @click="freshData">刷新数据</Button>
</div>
```

图 35-4　新增选项标签

35.3.2　控件显示的数据

如图 35-5 所示，在需要展示的数据层面，展示了除 args 外必须配置的内容，直接给 name 赋值 SimpleCellGroup，然后将 cellData 设置为空。

这个 cellData 对象的设计见图 35-6 所示的脚本。在这中间单独设计了一个标签，用"雪橇三傻"做了一个案例，希望返回的结果有 title、icon、list，其中 list 内有三个元素，实际数据需要从 RESTful API 中获取。

```
data() {
    return {
        name: "SimpleCellGroup",
        t_preview: true,
        t_edit: false,
        addIcon: true,
        actEdit: true,
        actIndex: -1,
        setModal: false,
        dataTypes: ["String"],
        args: {...},
        cellData: {},
    };
```

图 35-5　绑定前端数据的标签

```
{
    title: "雪橇三傻",
    icon: "ios-bookmarks-outline",
    list: [
        {
            title: "一傻",
            label: "哈士奇",
        },
        {
            title: "二傻",
            label: "萨摩耶",
        },
        {
            title: "三傻",
            label: "阿拉斯加",
        }
    ],
}
```

图 35-6　需要展示的列表数据示例

35.3.3　加载数据的方法

接下来将介绍用于引入内部查询数据的函数。在控件的代码中，我们将介绍另外一种方法，即直接导入 vuex 中的 mapActions。在 props 中，将对应的 handleQueryData 引入，这样就可以直接使用 this.handleQueryData 完成对数据库的访问，props 中的具体内容与前面介绍的 EditBox 是一致的，如图 35-7 所示。

```
<script>
// 从本地引擎的一个自定义标签
import AttributeSelector from "./AttributeSelector";
import EditBox from "@/ext_components/form/_EditBox.vue";
import { mapActions } from "vuex";

...
```

图 35-7　引入 props 和 EditBox 及内部函数

在如图 35-8 所示的脚本中，首先把 bindTargetClass 设置的值取出来，看它指的具体是哪个实体类，如果不为空，就可以对这个实体类进行操作。实体类实际的取值有可能是实体类，也有可能是关联类。默认如果是关联类，后面会加上&r 后缀；如果是实体类，后面会加上&e 后缀。后面添加一个用于去掉后缀的命令，就可以得到真正的 targetClass，之后设置查询条件。调用 handleQueryData，获取 objs，将对应的返回值赋值给 cellData，将 label 赋给 title，即选项区标签名称。这里的 icon 就是设备列表的图标，list 就是返回的设备值。

```
freshData() {
    const bindTargetClass = this.args.bindTargetClass;
    if (!bindTargetClass) {
        console.error("no bindTargetClass");
        return;
    }
    const regexForTargetClass = /^([0-9a-zA-Z_]+)&([er])$/;
    const result = regexForTargetClass.exec(bindTargetClass);
    if (result === null) {
        console.error(
            `handleRefresh: invalid targetClass value -> ${bindTargetClass}`
        );
        return;
    }
    let targetClass = result[1];
    let query = {
        query: this.args.filterQuery,
        pageSize: 4,
        startIndex: 0,
    };
    let objs = this.handleQueryData({
        targetClass: targetClass,
        query: query,
        fresh: true,
    }).then((res) => {
        let objs = res;
        this.cellData = {
            title: this.args.label,
            icon: "ios-bookmarks-outline",
            list: res,
        };
    });
},
```

图 35-8　调用后端函数 freshData()获取数据

图 35-9 展示了经典的 Vue 方法。首先是样式的初始化命令 cardStyle，然后添加 slot 并且对应到 cellData.icon，这些操作需要预先设置好。cellData.list 需要进行遍历，如果 list 不为空并且长度大于 0，就可以遍历 list。将每个 key 设置为搅拌车的 oid，然后设置 title、label，这些操作是通过中括号中对 map 的引用来实现的动态绑定。Avatar 为搅拌车配备了图标。

```
<Card :style="cardStyle" class="cell-group-wrapper">
    <p slot="title">
        <Icon :type="cellData.icon"></Icon>
        {{ cellData.title }}
    </p>
    <CellGroup v-if="cellData.list && cellData.list.length">
        <Cell
            v-for="obj in cellData.list"
            :key="obj.oid"
            :title="String(obj[args.attributeForTitle])"
            :label="String(obj[args.attributeForLabel])"
        >
            <Avatar :src="String(obj[args.attributeForIcon])" slot="icon" />
        </Cell>
    </CellGroup>
    <div v-else class="no-result-prompt">无数据展示...</div>
</Card>
```

图 35-9　设置数据与标签的绑定

图 35-10 展示了 cardStyle 的实现方式，这里主要是设置背景色、前景色、高度、宽度等。至此，modeler 端口的代码基本介绍完毕。

```
cardStyle() {
    // 外层卡片的样式
    const result = {};
    if (this.args.height) {
        result["height"] =
            String(this.args.height) + (this.args.heightType || "px");
    }
    if (this.args.width) {
        result["width"] =
            String(this.args.width) + (this.args.widthType || "px");
    }
    if (this.args.back_color) {
        result["backgroundColor"] = this.args.back_color;
    }
    if (this.args.txt_fontColor) {
        result["color"] = this.args.txt_fontColor;
    }
    return result;
},
```

图 35-10　cardStyle 的实现方式

在 VS.Code 中对已经完成的代码进行装配，之后打开 DWF 界面。在"功能模型"的"设备管理"中，找到"开发演示"，进入操作按钮的表单定制页面。找到"高阶控件"，将这个高阶控件拖曳到画布区，如图 35-11 所示。用户在单击"高阶控件"时，右端选项区就出现了目标属性的选项。设置选项区，选择目标类为"设备"，设置标签名称为"设备列表"，标题属性为"代号"，详情属性为"设备名称"，图标属性为"设备图标"，单击"刷新数据"，就可以看到搅拌车设备的列表了。继续单击"事件"，会出现自己之前设置的单击事件。单击"新增"按钮出现弹框，设置显示名为"事件"，选择动作为 implement，在脚本内容中填写 "this.msgbox.info("提示信息");"，单击"确认"按钮退出弹框。

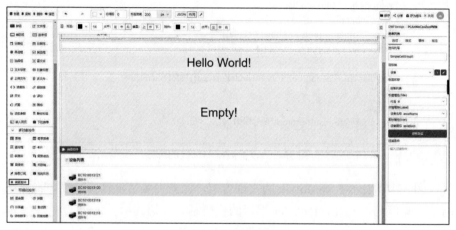

图 35-11　高阶控件显示

35.4　App 端实现

App 端的开发功能比建模端简单一些，把用于设置选项的操作对应的代码裁剪掉就可以直接绑定。把建模端的 freshData 全部加载进来，然后赋值给 cellData 即可。

35.4.1　标签部分实现

App 端的标签部分实现如图 35-12 所示。其中 Card 标签包含了整个列表的标题、图标等内容，<CellGroup>和<Cell>标签绑定了cellData对象的 title、attributeForTitle 及 attributeForLabel 属性。双击事件的实现在对应的图标中则使用了<Avatar>标签。

```
<template>
  <!--
  建模时的预览前端,即插件的实际显示样式
  :addinName="name"和 ref="main"一般情况不可去除
  -->
  <section :addinName="name" ref="main">
    <!-- 在画布区的显示内容 -->
    <span>
      <!-- see https://www.iviewui.com/components/cell#JCYF -->
      <Card :style="cardStyle" class="cell-group-wrapper">
        <p slot="title">
          <Icon :type="cellData.icon"></Icon>
          {{ cellData.title }}
        </p>
        <CellGroup
          v-if="cellData.list && cellData.list.length"
          @on-click="onClick"
        >
          <Cell
            v-for="(obj, idx) in cellData.list"
            :key="obj.oid"
            :name="idx"
            :title="String(obj[args.attributeForTitle])"
            :label="String(obj[args.attributeForLabel])"
            @click="onClick"
          >
            <Avatar :src="String(obj[args.attributeForIcon])" slot="icon" />
          </Cell>
        </CellGroup>
        <div v-else class="no-result-prompt">无数据展示...</div>
      </Card>
    </span>
  </section>
</template>
```

图 35-12　SimpleCellGroup 控件 App 端的标签部分

35.4.2　脚本部分实现

脚本部分则完成了数据访问、回调函数和事件触发操作的实现,其中针对多对象控件创建的 freshData()、getAll()、getSelected()等函数均包含在其中,如图 35-13 所示。

```
<script>
// 引入内部图标备用
import "@/styles/component/iconfont.css";
import { mapActions } from "vuex";
export default {
  props: [
    "widgetAnnotation",
    "itemValue",
    "attributes",
    "route",
    "router",
    "root",
    "store",
    "query_oprs",
    "echarts",
  ],
  // Vue 数据绑定的时候要求返回的结果
  data() {
    return {
      // 插件的名字
      name: "SimpleCellGroup",
      // 表示是否已经进入画布区
      t_preview: false,
      // 是否显示控件的属性编辑区
      t_edit: false,
      // 属性配置项，按需设置
      args: {
        title: "简单列表",
        // 直接复用 DWF 默认的配置项，从而无需自行开发配置界面
        bindTargetClass: "",
        // 标签作为列表标题
        label: "",
        // 建模设置的过滤条件
        filterQuery: "",
        // 高度取值和单位
        height: "",
        heightType: "px",
        // 宽度取值和单位
        width: "",
        widthType: "px",
        // 背景色设置
        back_color: "",
        // 文字颜色设置
        txt_fontColor: "",
        /* --------------------
         * 下面是新增的自定义属性
```

图 35-13　SimpleCellGroup 的 App 端的脚本实现

```
              * -------------------- */
            // 单元格显示标题
            attributeForTitle: "",
            // 单元格显示内容
            attributeForLabel: "",
            // 已被用户设置的事件列表,元素格式为 { opr_type: '', opr_path: '', name: '事件中文名' }
            events: [],
        },
        // 需要显示数据的集合,包括标题、图标、单元标题、单元内容,约定格式如下
        cellData: {},
        // 记录被单击选择的对象
        cellSelected: {},
    };
},
mounted() {
    // 生命周期函数,实现数据加载
    this.freshData();
},
computed: {
    cardStyle() {
        // 外层卡片的样式
        const result = {};
        if (this.args.height) {
            result["height"] =
                String(this.args.height) + (this.args.heightType || "px");
        }
        if (this.args.width) {
            result["width"] =
                String(this.args.width) + (this.args.widthType || "px");
        }
        if (this.args.back_color) {
            result["backgroundColor"] = this.args.back_color;
        }
        if (this.args.txt_fontColor) {
            result["color"] = this.args.txt_fontColor;
        }
        return result;
    },
},
methods: {
    // use `handleQueryData` to fetch data.
    ...mapActions("DWF_form", ["handleQueryData"]),
    /*
    在建模的时候传入,提示控件是在画布区还是在控件列表中
    0:表示在画布区,已经被拖入
```

图 35-13 SimpleCellGroup 的 App 端的脚本实现(续)

```
    1：表示在控件区，准备被拖入
    2：表示在拖动中，还未放下
    */
    setDisplayType(type) {
        if (type == 0) this.t_preview = true;
        return this;
    },
    // 当插件无法直接通过 style 设置高度时，使用 setHeight 方法设置高度
    setHeight() {
        if (!this.$refs.main) return;
    },
    // 现有表单加载在画布区用于加载控件的时候，会将之前的配置传入
    setArgs(args) {
        for (var i in args) {
            this.args[i] = args[i];
        }
        return this;
    },
    // 表单保存的时候将控件的设置合并到表单自身的 JSON 中
    getArgs() {
        return this.args;
    },
    // 返回控件绑定的目标属性，如果没有绑定返回 undefined 或者 null，默认保留 this.args.name
    getFormName() {
        return this.args.name;
    },
    getSelected() {
        return this.cellSelected;
    },
    getAll() {
        return this.cellData.list;
    },
    // 单击事件
    onClick(idx) {
        this.cellSelected = this.cellData.list[idx];
        this.triggerEvent("单击");
    },
    // 根据名字触发表单事件上配置的操作
    triggerEvent(eventName) {
        let eventConfig = null;
        // 提取事件对应的操作参数
        if (this.args.events && this.args.events.length > 0) {
            eventConfig = this.args.events.find((val) => {
                return val.name === eventName;
```

图 35-13 SimpleCellGroup 的 App 端的脚本实现(续)

```javascript
      });
    }
    // 触发实际操作
    if (eventConfig) {
      this.invokeOperation(
        eventConfig.opr_type,
        eventConfig.opr_path,
        this.itemValue,
        this.store
      );
    }
  }
},
// 刷新控件内部数据
freshData() {
  const bindTargetClass = this.args.bindTargetClass;

  if (!bindTargetClass) {
    console.error("no bindTargetClass");
    return;
  }

  const regexForTargetClass = /^([0-9a-zA-Z_]+)&([er])$/;
  const glob = regexForTargetClass.exec(bindTargetClass);
  if (glob === null) {
    console.error(
      `handleRefresh: invalid targetClass value -> ${bindTargetClass}`
    );
    return;
  }

  const targetClass = glob[1];
  const query = this.args.filterQuery;

  console.log(this.dwf_ctx);

  this.handleQueryData({
    targetClass: targetClass,
    query: query,
    fresh: true,
  }).then((res) => {
    const attributeForTitle = this.args.attributeForTitle;
    const attributeForLabel = this.args.attributeForLabel;
    let objs = res;
    this.cellData = {
      title: this.args.label,
```

图 35-13 SimpleCellGroup 的 App 端的脚本实现(续)

```
                    icon: "ios-bookmarks-outline",
                    list: res,
                  };
                });
              },
            },
          };
        </script>
```

图 35-13　SimpleCellGroup 的 App 端的脚本实现(续)

35.5　装配指示文件

最后，SimpleCellGroup 在 modeler 端和 App 端的装配指示文件 assemble-to.yaml 如图 35-14 所示。

建模工具	App 端
config: 　ignore: 　info: 　　part-web: 　　　name: modeler 　　　cname: 建模端 　　　forms: 　　　　SimpleCellGroup.vue: 　　　　　icon: "md-apps" 　　　　　cname: 高级控件 　　　　　type: form/multi 　　　operations: 　　　mobileForms: 　　　mobileOperations: 　　　dependencies:{}	config: 　ignore: 　info: 　　part-web: 　　　name: app 　　　cname: 应用端 　　　forms: 　　　　SimpleCellGroup.vue: form/multi 　　　operations: 　　　　... 　　　dependencies: {}

图 35-14　装配指示文件 assemble-to.yaml

在建模端的表单定制页面绑定了一个事件，用于将代码在 App 端的 VS.Code 中进行代码装配。然后打开 App 端，在"开发演示"中找到按钮操作，就可以看见设备列表了。单击任何一个设备，都能在网页中看见"提示信息"字样，如图 35-15 所示。

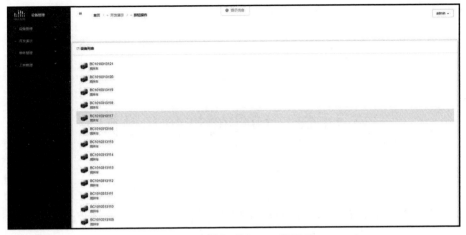

图 35-15　设备列表 App 端显示

35.6　小结

本章是对前两章关于表单控件入门的深化，以一个基于 iView 组件库的 Cell 为基础，实现了用于数据绑定和事件触发的简单的列表控件 SimpleCellGroup。通过这个控件的实现，重点介绍了如何扩展 EditBox 无法识别的 args 属性，包括利用<AttributeSelector>标签在 EditBox 中添加 EditBox 自身无法识别的 args 属性，以及如何在脚本的 method 部分引入 handleQueryData 函数，从而实现控件中的数据访问。

第 36 章　插件的打包与装配

开发完成之后，需要 SDK 对代码进行打包，形成代码包。之后可以将代码包发往现场，进行装配，从而扩展 DWF 原有的功能。本章重点介绍在完成插件开发后，如何在 DWF 中进行打包与装配。

36.1　生成插件的打包文件

在前面的章节中，介绍过 SDK 中 assemble.py 的作用。利用 assembly.py 可以实现对开发好的插件进行打包，对应的命令是 generate。如果打开 terminal，进入 DWF3.0/scripts，执行命令 python assemble.py generate 即可实现插件的打包。以 part01 这个插件为例，执行该命令后，会自动在 part 中生成对应的 assemble-to.yaml 文件，用于记录当前代码包的插件模块信息，并将代码打包到 DWF3.0/dwf-part-all/zipfiles 中，如图 36-1 所示。

图 36-1　插件打包结果示意图

36.2　直接在 DWF 中装配

将插件打包之后，访问 DWF 的建模工具，进入"模型管理"，上传插件包。上传成功后，可看到当前服务器中的代码包信息。代码包的下载、启用、删除按钮如图 36-2 所示，"启用"按钮为橙色(选中状态)表示需要装配当前模块。选好需要装配和不需要装配的模块，单击右上角的"装配"按钮。如果选择"装配后自动重启"，则编译完成后自动重启系统前后端，这种方法多用于系统空闲、没有被用户使用的情况。若系统中正在进行其他操作，可选择"装配后手动重启"，则只进行编译，不会中断系统的当前工作，然后在系统空闲时再单击装配左侧的"重启"按钮进行重启即可。

图 36-2　上传插件包示意图

这里我们选中"装配后手动重启"单选按钮，单击"确认"按钮，开始代码装配，如图 36-3 所示。

图 36-3　装配插件

36.3 检查装配效果

装配完成之后系统会自动重启,这个过程需要花费很长时间。若装配状态是装配成功,则表示代码装配完毕。如果装配了前端插件,则需要清理缓存后重新登录 modeler-web 前端控件装配页面以查看装配结果是否达到预期,如图 36-4 所示。

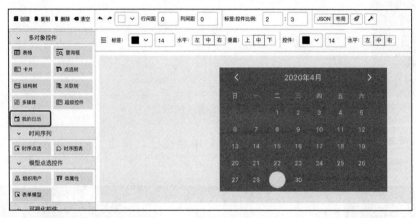

图 36-4　装配后效果示意

36.4 小结

本章主要介绍插件打包和装配的方法。开发结束后,通过装配脚本可以将插件包打包成 ZIP 文件,现场可以利用 DWF 自带的插件装配功能完成插件在生产环境下的装配。由于在生产环境下装配的本质是进行了一次构建过程,因此有下面几个重要的注意事项。

- 运行生产环境的 DWF 服务器必须具有足够的资源,不能使用容器化部署环境。
- 装配过程需要下载依赖包,因此 DWF 服务器要么允许联网,要么在内网有独立的 maven 镜像和 npm 镜像服务器。
- 装配时由于涉及下载文件,因此需要花费很长时间,在弱网的情况下会十分缓慢。

因此,装配过程主要是通过建立持续集成的工具链(如 Jenkins 服务器)来配合代码仓库实现。

第 37 章　第三部分总结

第三部分是 DWF 学习过程中难度最大的部分，其面向的读者是具备专业知识的开发者。当全部了解 DWF 的 SDK 扩展机制以后就不难发现，这种方式有以下 3 种好处。

- 通过代码装配实现的扩展，在理论上已经将 DWF 扩展的能力和纯粹硬编码开发可以实现的能力基本拉平。专业开发人员也可以最大限度地复用自己熟悉的工具链开展工作，不会导致出现受低代码开发平台自身定制能力的限制而无法满足需求的问题。
- 如果实现过程充分考虑到面向定制和脚本开发的开发人员，可以进一步增强前面两类开发人员的能力，将需求有效分流给低代码开发人员，进而减轻专业开发人员的负担，使其将更多的精力投入到更高层次、艰深的开发工作上以获得成就感。
- 这种以插件为基础的增量式开发方式，使得开发人员或者企业有机会将自己具有独立知识产权的代码编写出来并将其与 DWF 基础代码解耦，然后进行私有化管理，从而避免 DWF 的核心代码和针对特定场景编写的个性化代码相互侵入之后导致知识产权归属难以辨析的窘境。

当然，DWF 二次开发扩展的能力也在随着快速发展的技术而不断演进，因此建议读者持续关注 DWF 教材的电子版更新，其中会进一步介绍更多的技巧与案例。